U0585353

低碳绿色发展丛书
DITAN LUSE FAZHAN CONGSHU

低碳技术

Low-Carbon Technology

邹德文 李海鹏 ◎ 主编

人民出版社

总　序
中国迈向低碳绿色发展新时代

党的十八大明确提出，“着力推进绿色发展、循环发展、低碳发展，形成节约资源和保护环境的空间格局、产业结构、生产方式、生活方式。”“低碳发展”这一概念首次出现在我们党代会的政治报告中，这既是我国积极应对全球气候变暖的庄严承诺，也是协调推进“四个全面”战略布局，主动适应引领发展新常态的战略选择，标志着我们党对经济社会发展道路以及生态文明建设规律的认识达到新高度，也充分表明了以习近平同志为总书记的党中央高度重视低碳发展，正团结带领全国各族人民迈向低碳绿色发展新时代。

一

2009 年 12 月，哥本哈根气候会议之后，“低碳”二字一夜之间迅速成为全球流行语，成为全球经济发展和战略转型最核心的关键词，低碳经济、低碳生活正逐渐成为人类社会自觉行为和价值追求。我们常讲“低碳经济”，最早出现在 2003 年英国发表的《能源白皮书》之中，主要是指通过提高能源利用效率、开发清洁能源来实现以低能耗、低污染、低排放为基础的经济发展模式。它是一种比循环经济要求更高、对资源环境更为有利的经济发展模式，是实现经济、环境、社会和谐统一的必由之路。它通过低碳技术研发、能源高效利用以及低碳清洁能源开发，实现经济发展方式、能源消费方式和人类生活方式的新变革，加速推动人类由现代工业文明向生态文明的重大转变。

当前，全球社会正面临“经济危机”与“生态危机”的双重挑战，经济复苏缓慢艰难。我国经济社会也正在步入“新常态”。在当前以及今后相当长的一段时期内，由于新型工业化和城镇化的深入推进，我国所需要的能源消费都将呈现增长趋势，较高的碳排放量也必将引起国际社会越来越多的关注。面对目前全球减排压力和工业化、城镇化发展的能源、资源等多重约束，我们加快转变经济发展方式刻不容缓，实现低碳发展意义重大。为此，迫切需要我们准确把握国内外低碳发展之大势，构建适应中国特色的低碳发展理论体系，树立国家低碳发展的战略目标，找准加快推进低碳发展的重要着力点和主要任务，走出一条低碳发展的新路子。

走低碳发展的新路子，是我们积极主动应对全球气候危机，全面展示负责任大国形象的国际承诺。伴随着人类社会从工业文明向后工业文明社会的发展进程，气候问题已越来越受到世人的关注。从《联合国气候变化框架公约》到《京都议定书》，从“哥本哈根会议”到 2015 年巴黎世界气候大会，世界各国政府和人民都在为如何处理全球气候问题而努力。作为世界上最大的发展中国家，中国政府和人民在面临着艰巨而又繁重的经济发展和改善民生任务的同时，从世界人民和人类长远发展的根本利益出发，根据国情采取的自主行动，向全球作出“中国承诺”，宣布了低碳发展的系列目标，包括 2030 年左右使二氧化碳排放达到峰值并争取尽早实现，2030 年单位国内生产总值二氧化碳排放比 2005 年下降 60%—65% 等。同时，为应对气候变化还做出了不懈努力和积极贡献：中国是最早制定实施《应对气候变化国家方案》的发展中国家，是近年来节能减排力度最大的国家，是新能源和可再生能源增长速度最快的国家，是世界人工造林面积最大的国家。根据《中国应对气候变化的政策与行动 2015 年度报告》显示，截至 2014 年底，中国非化石能源占一次能源消费比重达到 11.2%，同比增加 1.4%，单位国内生产总值二氧化碳排放同比下降 6.1%，比 2005 年累计下降 33.8%，而同期发达国家降幅 15% 左右。党的十八大以来，新一届中央领导集体把低碳发展和生态文明写在了中华民族伟大复兴的旗帜上，进行了顶层设计，制定了行动纲领。基于此，我们需要进一步加强低碳发展与应对气候变化规律研究，把握全球气候问题的历史渊源，敦促发达国家切实履行法定义务和道义责任，在国际社会上主动发出“中国声音”，展示中国积极应对气候危机的良好形象，为低碳发展和生态文明建设创造良好的国际环境。

走低碳发展的新路子，是我们加快转变经济发展方式，建设社会主义生态文明的战略选择。经过 30 多年快速发展，我国经济社会取得了举世瞩目的成绩，但同样也面临着资源、生态和环境等突出问题，传统粗放的发展方式已难以为继。从 1990 到 2011 年，我国 GDP 增长 8 倍，单位 GDP 的能源强度下降 56%，碳强度下降 58%。但同期我国碳排放总量也增长到 3.4 倍，而世界只增长 50%。预计 2015 年我国原油对外依存度将首次突破 60%，超出了美国石油进口的比例，能源对外依存度将超过 14%，2014 年我国能源总消费量约 42.6 亿吨标准煤，占世界的 23% 以上，而 GDP 总量 10 万亿美元只占世界 15% 左右，单位 GDP 能耗是发达国家的 3—4 倍，此外化石能源生产和消费产生的常规污染物排放和生态环境问题也难以得到根本遏制。当前这种资源依赖型、粗放扩张的高碳发展方式已难以为继。如果继续走西方国家“先污染，再治理”传统工业化老路，则有可能进入“环境恶化”与“经济停滞”的死胡同，不等经济发达就面临生态系统的崩溃。对此，党的十八大把生态文明建设纳入中国特色社会主义事业“五位一体”总体布局，首次将“美丽中国”作为生态文明建设的宏伟目标。党的十八届三中全会提出加快建立系统完整的生态文明制度体系；党的十八届四中全会要求用严格的法律制度保护生态环境；党的十八届五中全会更是明确提出“五大发展理念”，将绿色发展作为“十三五”乃至更长时期经济社会发展的一个重要理念，成为党关于生态文明建设、社会主义现代化建设规律性认识的最新成果。加快经济发展方式转变，走上科技创新型、集约型的绿色低碳发展路径，是我国突破资源环境的瓶颈性制约、保障能源供给安全、实现可持续发展和建设生态文明的内在需求和战略选择。基于此，我们需要进一步加强对低碳发展模式的理论研究，全面总结低碳经验、发展低碳能源、革新低碳技术、培育低碳产业、倡导低碳生活、创新低碳政策、推进低碳合作，从而为低碳发展和生态文明建设贡献力量。

走低碳发展的新路子，是我们充分发挥独特生态资源禀赋，聚集发展竞争新优势的创新之举。当今世界，低碳发展已成为大趋势，势不可挡。生态环境保护和低碳绿色发展已成为国际竞争的重要手段。世界各国特别是发达国家对生态环境的关注和对自然资源的争夺日趋激烈，一些发达国家为维持既得利益，通过设置环境技术壁垒，打生态牌，要求发展中国家承担超越其发展阶段的生态环境责任。我国是幅员辽阔，是世界上地理生态资源最为丰富的国家，各类型土地、草场、森林资源都有分布；水能资源居世界第一位；是世界上拥有野生动物种类最多的国家之一；几乎具有北半球的全部植被类型。同时，我国拥有碳交易市场优势，是世界上清洁发展机制（CDM）项目最大的国家，占全球市场的 32% 以上，并呈现出快速增长态势。随着中国碳交易市场逐步形成，未来将有望成为全球最大碳交易市场。此外，我国还在工业、建筑、交通等方面具有巨大的减排空间和技术提升潜力。我国已与世界紧密联系在一起，要充分利用自己独特的生态资源禀赋，主动作为，加快低碳发展体制机制创新，完善低碳发展制度体系，抢占全球低碳发展的制高点，聚集新优势，提升国际综合竞争力。基于此，我们需要进一步深入研究世界低碳发展的新态势、新特征，全面总结世界各国特别是发达国家在低碳经济、低碳政策和碳金融建设方面的典型模式，充分借鉴其成功经验，坚定不移地走出一条具有中国特色和世界影响的低碳发展新路子。

二

近年来，我国低碳经济理论与实践研究空前活跃，不同学者对低碳经济发展过程中出现的诸多问题给予了密切关注与深入研究，发表了许多理论成果，为低碳经济理论发展与低碳生活理念的宣传普及、低碳产业与低碳技术的发展、低碳政策措施的制定等作出了很大贡献。湖北省委党校也是在全国较早研究低碳经济的机构之一。从2008年开始，湖北省委党校与国家发改委地区司、华中科技大学、武汉理工大学、中南民族大学、湖北省国资委、湖北省能源集团、湖北省碳交易所等单位联合组建了专门研究低碳经济的学术团队，围绕低碳产业、低碳能源、低碳技术和碳金融等领域开展了大量研究，并取得了不少阶段性成果。其中，由团队主要负责人陶良虎教授等撰写的关于加快设立武汉碳交易所的研究建议，引起了国家发改委和湖北省委、省政府的高度重视，为全国碳交易试点工作的开展提供了帮助。同时，2010年6月由研究出版社出版的《中国低碳经济》一书，是国内较早全面系统研究低碳经济的学术专著。党的十八大召开之后，随着生态文明建设纳入到“五位一体”的总布局中，低碳发展迎来了新机遇新阶段，这使得我们研究视野得到了进一步拓展与延伸，基于此，人民出版社与我们学术团队决定联合编辑出版一套《低碳绿色发展丛书》，以便汇集关于当前低碳发展的若干重要研究成果，进一步推动我国学术界对低碳经济的深入研究，有助于全社会对低碳发展有更加系统、全面的认识，进一步推动我国低碳发展的科学决策和公众意识的提高。

《低碳绿色发展丛书》的内容结构涵括低碳发展相关的10个方面，自然构成了相互联系又相对独立的各有侧重的10册著述。在《丛书》的框架设计中，我们主要采用了“大板块、小系统”的思路，主要分为理论和实务两个维度，国内与国外两个层次:《低碳理论》、《低碳经验》、《低碳政策》侧重于理论板块，而《低碳能源》、《低碳技术》、《低碳产业》、《低碳生活》、《低碳城乡》、《碳金融》、《低碳合作》则偏向于实务。

《低碳绿色发展丛书》作为入选国家“十二五”重点图书、音像、电子出版物出版规划的重点书系，相较于国内外其他生态文明研究著作，具有四大鲜明特点：一是突出问题导向、时代感强。本书系在总体框架设计中，始终坚持突出问题导向，入选和研究的10个重点问题，既是当前国内外理论界所集中研究的前沿问题，也是社会公众对低碳发展广泛关注和亟待弄清的现实问题，具有极强的时代感和现实价值。如《低碳理论》重点阐释了低碳经济与绿色经济、循环经济、生态经济的关系，有效解决了公众对低碳发展的概念和相关理论困惑；《低碳政策》吸纳了党的十八届三中全会关于全面深化改革的最新政策；《低碳生活》分析了当前社会低碳生活的大众时尚和网络新词等。二是全面系统严谨、逻辑性强。本书系各册著述既保持了各自的内涵、外延和风格，又具有严格的逻辑编排。从整个书系来看，既各自成册，又相互支撑，实现了理论性、政策性和实务性的有机统一；从单册来看，既有各自的理论基础和分析框架，又有重点问题和实施路径，还包括有相应的典型案例分析。三是内容详实权威、实用性强。本书系是当前国内首套完整系统研究低碳发展的著作，倾注了编委会和著作者大量工作时间和心血，所有数据和案例均来自国家权威部门，对国内外最新研究成果、中央最新精神和全面深化改革的最新部署都认真分析研究、及时加以吸收，可供领导决策、科学研究、理论教学、业务工作以及广大读者参阅。四是语言生动平实、可读性强。本书系作为一套专业理论丛书，始终坚持服务大众的理念，要求编撰者尽可能地用生动平实的语言来表述，让普通读者都能看得进去、读得明白。如《碳金融》为让大家明白碳金融的三大交易机制，既全面介绍了三大机制的理论基础和各自特点，又介绍了三大机制的“前世今生”，让读者不仅知其然、而且知其所以然。

三

本丛书是集体合作的产物，更是所有为加快推动低碳发展做出贡献的人们集体智慧的结晶。全丛书由范恒山、陶良虎教授负责体系设计、内容安排和统修定稿。《低碳理论》由王能应主编，《低碳经验》由张继久、李正宏、杜涛主编，《低碳能源》由肖宏江、邹德文主编，《低碳技术》由邹德文、李海鹏主编，《低碳产业》由陶良虎主编，《低碳城乡》由范恒山、郝华勇主编，《低碳生活》由陈为主编，《碳金融》由王仁祥、杨曼、陈志祥主编，《低碳政策》由刘树林主编，《低碳合作》由卢新海、张旭鹏、刘汉武主编。

本丛书在编撰过程中，研究并参考了不少学界前辈和同行们的理论研究成果，没有他们的研究成果是难以成书的，对此我们表示真诚的感谢。对于书中所引用观点和资料我们在编辑时尽可能在脚注和参考文献中一一列出，但在浩瀚的历史文献及论著中，有些观点的出处确实难以准确标明，更有一些可能被遗漏，在此我们表示歉意。

最后，在本书编写过程中，人民出版社张文勇、史伟给予了大量真诚而及时的帮助，提出了许多建设性的意见，陶良虎教授的研究生杨明同志参与了丛书体系的设计、各分册编写大纲的制定和书稿的审校，在此我们表示衷心感谢！

《低碳绿色发展丛书》编委会

2016.01 于武汉

目 录

第一章　低碳技术概论

低碳经济是继农业时代、工业时代、服务时代和信息时代之后的“第五次全球经济浪潮”。各国低碳经济发展经验表明，低碳技术的研发、创新、示范、规模化及产业化，是构建低碳经济的物质基础，是推动低碳经济发展的关键手段，同时也是各国未来核心竞争力的体现。

一、低碳经济与低碳技术

（一）低碳经济内涵

进入21世纪以来，能源危机问题、温室气候问题和粮食匮乏问题，已经深度困扰人类社会的发展。低碳经济成为解决三大问题，保持世界经济可持续发展的唯一选择。为抢占低碳经济发展制高点，欧洲部分国家率先掀起“高效、低耗、低排”为特征的“新工业革命”。

作为新工业革命的起点，2003年英国发布《我们能源的未来：创建低碳经济》白皮书首次提出“低碳经济”概念。白皮书指出，低碳经济是在可持续发展指导下，通过技术创新和制度创新，实现产业转型和新能源开发，减少煤炭、石油等高碳能源使用，减少温室气体排放，实现经济社会与生态环境双赢。低碳经济的实质是能源效率提高和能源结构改善，其基本特征是“低能耗、低排放、低污染”，其核心是通过制度创新，利用市场机制，提高低碳技术水平，建立低碳能源系统和低碳产业结构。

低碳经济评价的核心指标是“碳生产率”，即单位二氧化碳排放的GDP产出水平，体现的是单位碳排放的经济效率。高碳经济就是能源增长速度和碳排放增长速度超过经济增长速度。低碳经济转型，就是单位碳当量所产出的GDP总量向更高方向转化。低碳经济转型代表从高碳模式向低碳模式的转换，正是在设定单位碳排放带来的经济增长最大化的核心标尺下，追求经济发展和控制温室气体排放的共赢。

作为以“低能耗、低污染、低排放”为特征的可持续发展模式，低碳经济正在成为国际社会克服近期全球金融危机、长远气候变化威胁和实现后工业化发展转型的新经济发展模式。当前，发展低碳经济已经成为世界各国的重要战略选择和调整产业结构的重要动力，并将推动世界竞争新规则的产生和导致国际经济格局出现新变化。

（二）低碳经济相关概念辨析

低碳经济是相对于高碳经济而言的经济形态，关注降低单位能源消费的碳排放量，控制温室气体的排放速度；低碳经济是相对于化石能源经济发展模式而言的经济形态，关注通过新能源使用改变经济碳排放总量；低碳经济也是相对人为碳通量而言的经济形态，是解决地球生态圈碳失衡而实施的人类自救行为。

循环经济则是以“减量化、再利用、资源化”为原则，以资源的高效利用为目标，以资源的循环利用为手段，按照生态系统物质循环和能量流动自然运行的经济模式。其核心是运用生态系统自然规律来安排人类的经济活动，实现资源高效、循环、封闭利用。

绿色经济则是相对较为模糊的经济发展模式，绿色不只是简单的再循环，它考虑的是环境友善。与环境保护和可持续发展相关联的经济形态和发展模式都可以纳入绿色经济的范畴。但是，绿色经济本身很难量化评估，并且没有从投入要素的角度隐含社会经济发展所面临的约束性条件。

这三个概念既有联系也有不同。相同的是，它们具有共同的理念支撑点，即在考虑自然资源和生态环境时，不仅将其视为可利用的资源形态，而且是平衡运行的生态系统，人类自身的发展，应该注重同自然的和谐关系，促进人的全面发展。不同的是，这三种经济形态的侧重点不同，循环经济侧重整个社会的物质循环，强调经济活动中利用3R原则实现资源保护和利用；低碳经济则是针对碳排放量而言，主张提高能效和采用清洁能源；绿色经济则关注生产中减少对水污染、大气污染和固体废弃物等问题，推动形成绿色发展方式和生产方式，着力改善生态环境，为人民提供更多的生态产品。

（三）低碳技术内涵

研究表明，人类要控制和降低大气中的二氧化碳浓度，主要有四个途径：一是提高能源使用效率；二是发展碳捕捉和封存技术，将燃烧石化燃料产生的二氧化碳捕捉并封存起来；三是发展清洁能源，增加风能、太阳能等可再生能源的使用；四是植树造林，增加碳汇量。目前来看，这四种途径均存在着明显的技术瓶颈。

低碳技术也称清洁能源技术，是指通过提高能源使用效率来稳定或减少能源需求，同时降低对煤炭等化石燃料依赖程度的主导技术，涉及电力、交通、建筑、冶金、化工、石化等部门以及在可再生能源及新能源、煤的清洁高效利用、油气资源和煤层气的勘探开发、二氧化碳捕获与埋存等领域开发的有效控制温室气体排放的新技术。

世界各国已经认识到，低碳经济发展的竞争日益表现为各国对低碳技术的掌控与创新程度。只有最先开发并掌握相关低碳技术，才能成为业内的领先者与主导者，才能在未来的“低碳世界”中获得“话语权”，才能获得经济增长的新动力源。美国总统奥巴马在美国国会演讲时曾表示，掌握低碳技术与可再生能源之命脉的国家将主导 21 世纪。许多国家已经纷纷投入巨资开始涉足低碳技术研发。到 2013 年为止，欧盟计划投资 1050 亿欧元用于绿色经济，美国能源部最近投资 31 亿美元用于碳捕获及封存技术研发，英国 2009 年 7 月公布了《低碳产业战略》，日本单独列项的环境能源技术的开发费用就达近 100 亿日元。

（四）低碳技术分类

广义地说，低碳技术是指所有降低人类活动温室气体排放的技术，包括控制、减少温室气体排放和除去、吸收温室气体的各类技术。从低碳技术的应用角度来看，低碳技术可分为三种基本类型：减碳技术、无碳技术和去碳技术。

1. 减碳技术

减碳技术是指高能耗、高排放领域的节能减排技术，主要涉及工业、交通、建筑以及生活等各方面。工业节能减排技术主要指利用新原料、新工艺等减少工业生产过程中的二氧化碳或其他非碳温室气体排放的技术，如煤的清洁高效利用、油气资源和煤层气的勘探开发技术、热电联产、余热回收利用等；建筑节能减排技术主要指新兴建筑节能材料的开发与利用技术，如建筑隔热材料、外墙保温、太阳能光热和光电、地源热泵、热管和相变蓄热材料等；交通节能减排技术主要指交通新能源代替和交通结构调整，如发展新能源汽车、发展节能汽车、发展公共交通，交通结构以公交为主等；生活节能减排技术主要指减少大型装备机器和耐用消费品全生命周期中能耗的技术，如空调冰箱能效的提高、节能照明应用、集中供冷供暖的节能技术等。目前，减碳技术是相对比较成熟的低碳技术，也是减缓温室气体排放的最主要手段。

2. 无碳技术

无碳技术也称零碳技术，是指在生产和使用过程中基本不排放含碳气体的新能源开发与利用技术，如核能、太阳能、风能、生物质能、地热能、潮汐能等新能源的开发、生产和利用技术，高压、超高压及由此衍生出的智能电网等能源传输技术，同时还包括无碳能源的装备制造、发电、储能、应用等各种技术，如太阳能、风能发电设备制造技术、新能源汽车技术、蓄电池技术等。从长远来看，无碳技术的推广与应用是推动人类社会进入低碳发展时代的最优选择。因而各国都将无碳技术研发作为抢占未来低碳技术制高点的抓手。

3. 去碳技术

去碳技术主要指对温室气体进行捕集、资源化利用和埋存（CCUS）的各种技术，包括工程措施和生物手段两大类。工程措施主要是对燃煤发电或工业生产过程中产生的二氧化碳进行捕集、运输，并将其转化为化工原料埋存等；生物手段指利用蓝藻生产、造林和森林管理等碳汇手段去除二氧化碳。去碳技术对降低减排成本、为新能源发展赢得时间、保障国家能源安全、进行战略技术储备和带动相关行业及技术的发展与融合等具有重要意义。

（五）低碳技术特征

低碳技术是低碳经济发展的核心和关键力量，具有战略性、增长性、带动性和准公共物品属性等特征。

1. 战略性

低碳技术的战略性是指低碳技术是低碳经济发展前提和保障，对世界各国和地区的低碳经济发展具有战略性的影响。英国主导的第一次产业革命使世界各国成为英国经济发展的腹地，美国主导的信息技术革命巩固了其在全球经济体系中的霸主地位。当前，低碳技术成为近期全球金融危机和长远气候变化威胁背景下实现经济复苏、增加就业以及保障能源安全的重要手段，涉及各个国家未来的核心竞争力。可以说，只要能占领低碳技术高地，就能在世界技术贸易市场中拥有更多的话语权与贸易优势；只要能最先发展好低碳技术和低碳产业，就有机会在新一轮经济增长中成为世界经济发展的“领头羊”。

2. 增长性

从人类历史发展的过程尤其是经济发展的历程来看，技术的变革将带来生产力的变革，进而打破传统的经济发展模式，孕育出新的产业部门，进一步提升产业效率，促使经济进入新的增长周期。低碳技术的研发与应用将推动包括风能、太阳能、地热、潮汐、生物质能等新能源行业的发展，同时对传统的交通、建筑、冶金、化工、石化等部门注入新一轮经济增长的活力和动力。

3. 带动性

低碳技术的带动性表现为以低碳技术为代表的高新技术会带动该技术相关的上下游产业，并以低碳技术的应用为载体，提升产业部门的技术水平。例如CCUS 技术可以带动煤炭开采和利用、电力、运输、地质勘探等行业。

4. 准公共物品属性

低碳技术的研发、应用和推广，市场起主导作用。但由于新技术的研发成本较高，会导致企业的经济效益和社会效益不一致现象。因此，低碳技术应当走政府调控和市场选择的发展道路。政府调控的目标在于为低碳科技创新构建合理的制度和政策框架，必要时甚至需要投入财政资金。从这个意义上来说，低碳技术具有一定的公共物品属性。

二、低碳技术与传统技术

低碳技术是根植于低碳经济背景的，是社会发展模式和能源利用模式发生转变后，人类利用自然工具的改变。与传统技术相比，低碳技术在影响因素和作用机理上，存在很大的不同。我们可以用下表表示。

表1—1 高碳技术与低碳技术的对比分析

技术属性	高碳技术	低碳技术
技术价值观	在表述自然观时，运用机械的方法，主要强调人类对自然的控制、征服与掠夺	坚持技术的发展建立在低碳的基础上，强调可持续的发展，根本目标是人与自然协调发展
技术评价标准	以经济指标和经济效益作为衡量技术的标准	建立衡量指标时，兼顾技术价值与经济价值，即能源的消耗、经济效益的提升以及碳排放的轻度并重
技术的科学基础	讨论科学基础时，主要放在近代力学、电学、化学等经典理论方面，这些理论对人类的生活具有双重作用，满足人类需求同时又毁坏了自然环境	科学基础是现代生物化学、环境学以及信息科学等，以这些学科作为科学基础主要是基于两方面的考虑，即考虑到科技进步的同时也意识到科技进步与气候变化密切相关
技术对生态环境的影响	高消耗、高排放、高污染、高危害、高投入、低循环、呈现出明显的反生态性	低消耗、低（零）排放、低（零）污染、低（无）毒性、高循环、实现与自然生态系统的共生代谢
技术推动经济增长的方式	实现经济增长的主要方式是增加资源的使用量	实现经济增长时，考虑到资源利用效率，即较少的消耗实现较高的增长

（一）“三低一高”与“三高一低”

传统技术是“高污染、高消耗、高排放和低效率”的技术模式。传统技术是建立在传统经济发展模式之上的，这种模式是以大量消耗自然资源来实现经济增长的发展模式。这种模式在人类对资源的不断扩大的需求和资源环境的容量不足之间的矛盾中，很难持续下去。因此，在传统发展模式受到挑战，新型发展模式不断创新的情况下，传统技术很难进一步支撑经济社会发展的历史进程。

低碳技术则是在低碳经济背景下产生的，低碳经济的理念是高效利用有限的自然资源，使自然资源利用效率实现最大化，使产品具有高附加值。低碳经济发展模式需要低碳技术的支撑。低碳技术的本质就是“低污染、低排放、低消耗、高效率”地使用资源，主张技术创新观必须建立在促进自然生态系统的可持续利用上。

（二）“低碳能源”与“高碳能源”

人类文明进程也是能量使用的进程，能源使用结构及其效率是人类文明的标志，也是经济社会发展进程的主要因素。低碳经济革命的实质就是能源利用的革命，而要完成这场能源经济革命，主要通过低碳技术创新代替传统技术创新，使能源使用的效率、结构等发生根本转变。

高碳技术则是指在生产、消费等领域中传统使用的碳排放量较大的技术。衡量低碳技术与高碳技术的指标主要有能源利用率、能源利用效率、循环使用率、镇强度、清洁能源使用率等。低碳技术与高碳技术相比，一般具有能源利用率较高、能源利用效率较高（能源消费弹性系数小、能源消费强度、单位 GDP 能耗较小）、循环使用率较高、碳强度较低、优先使用清洁能源等特征。

（三）“高附加值技术”与“低附加值技术”

当下，人类对资源不断扩大需求与现实资源不足的矛盾更加尖锐，低碳经济理念旨在充分利用有限的自然资源，使其利用效率最大化，技术创新作为实现这一目标的唯一途径，同样需要创新，即要求技术创新必须具备高附加值。高附加值产品通常以高技术为基础，其投入产出比较高，能源等物质消耗较少。传统高碳经济社会中，技术创新靠大量消耗自然资源获得经济增长，其低附加值性使得我国产业链处于低端，沦为世界的制造工厂，导致严重的生态问题。而低碳经济发展理念，要求技术创新必须具备高附加值性，通过提高企业的研发能力，开发自主产业，形成自有知识产权，防止发达国家对市场的技术垄断。

（四）“可持续发展目标”与“不可持续发展目标”

传统技术创新是建立在对自然界掠夺基础之上的，技术创新同可持续发展目标存在根本冲突。人类的可持续发展需要合理地利用资源来满足人类消费需求，但是企业作为技术创新的主体，其追逐利益的本性导致其在技术创新中忽略对自然环境的破坏，占用后代人的资源，这是不可持续的模式。

低碳经济倡导环保、节能，主张“既满足当代人的需要，又对后代人满足其需要的能力不构成危害”。这就要求技术创新范围和条件具有一定的规范和界限，其资源利用不能只顾眼前的自然资源的使用价值，还必须兼顾自然永续利用的内在价值。其创新成果不仅要促进经济发展，还要有利于经济、社会和自然协调发展。“人与自然之间关系之争不应集中于是否要改造自然，发展模式之争不应集中于是否要经济增长，而应关注于如何改造和如何处理经济效益、社会效益的关系”。

三、低碳技术的发展范式

（一）技术范式的一般规律

著名的科学史学家库恩指出，科学革命是一个新范式取代旧范式的过程。受库恩的影响，意大利经济学家G．多西提出了技术范式概念，特指为解决特定经济问题而设立的技术创新系统或技术创新模式，是理解现实的特定思维方式和框架体系。

从这个角度来看，技术范式实际上就是以特定技术为主要内容的社会生活、生产方式，包括了三个含义：技术范式是过去发展某项技术建立的特定模式，并据此规定了未来的发展方向；技术范式是一种技术生产内容及管理方式；技术范式由技术共同体组成。如果技术范式发生改变，其暗指指导技术发展思想的根本性转化。

事实上，技术范式具有破坏性创造能力：一方面，能够彻底打破和转化原有的体系和思想，淘汰原有的技术、设备和产品；另一方面，新的技术会促进新的产品、技术和设备出现。技术范式的转换影响和决定了人类文明进程，促成人类从农业社会向工业社会转变。因此，技术范式转化是经济发展方式产生改变的核心力量，在人类社会进程的改变中起到了支撑和支柱作用。

（二）现代技术范式的转换模式

莱斯特·R．布朗在《B模式——拯救地球延续文明》一书中，把目前世界上许多国家实施的社会经济模式称为A模式，即经济的快速增长是以人为过度消耗地球自然资源为代价的发展模式，也称之为环境泡沫经济。人类进入工业化社会后，选择的技术范式大体有三类：第一种是传统技术范式，即工业化初期以来，人类一直采取的技术范式，是资源＝产品＋废物排放模式。该模式对人类的破坏较大，现在逐渐被淘汰。第二种模式是“亡羊补牢”式，其本质就是在第一种范式的基础上，重视环境治理环节。该模式的经济和环境代价较大，目前受到较大的诟病。第三种模式是循环经济模式，是通过减少资源消耗为目标，通过清洁生产和源头治理来实现废弃物减排，并对废弃物进行资源化利用。该模式是在前两种模式基础上，从源头进行的发展模式改造。以上三种模式本质上说仍然属于传统技术范式。

（三）现代技术范式的转换方向

莱斯特·R．布朗也为全球经济持续发展，避免环境继续恶化导致经济衰退提供了切实可行的途径，这就是B模式。B模式要求全球动员起来，稳定人口和气候，使A模式存在的问题不至于发展到失控的地步。布朗进一步开出良方：我们应该采取行动，努力放慢世界人口的增长速度，减少全球二氧化碳排放，使水的生产率提高。布朗的这一构想，不仅要有制度的建构，还要有经济发展方式的转变，更重要的就是支撑A模式技术体系要发生根本的变革，这就是转换现代技术范式。

低碳技术不是一种或几种碳减排或抑制气候变化的具体技术，而是指当前技术发展的一种模式，代表着低碳经济所规定的发展的方向。也就是说，低碳技术是现代技术范式的转换方向，其中新能源技术或能源新技术是作为新技术范式不可缺少的组成部分。不难看出这一技术范式转换的方向无疑是适应B模式发展的低碳技术。

低碳技术范式，是实施“立体式”控制的经济发展模式。这种“立体式”的控制，就是要求在污染源头进行治理，在生产的全过程进行控制，对产品的能耗与污染进行目标管理。低碳经济是比循环经济更为严格、更为高级的经济发展范式。低碳经济通过技术创新、制度完善、公众参与等措施而能够得到落实。

四、低碳技术的创新效应

（一）经济安全效应

如果审视人类近代史，我们会发现这样的规律：即每一次工业革命都是人类寻求经济发展的内在动力，与面临生态危机或资源约束的外在压力冲突下的“技术—经济—社会”系统的大变革。而当人类社会处于这个大变革的拐点时，“谁能领导能源革命，谁就能主宰世界”。17 世纪以来，英国通过蒸汽机的使用，把一个以木材和水利为基础的英国，变成了以煤炭和铁为基础的英国。英国也从一个位于欧洲边缘的二流国家，一跃而成为领跑世界经济发展、建立了世界霸权的首屈一指的强国。19 世纪以来，美国和德国通过内燃机与电力的广泛使用，实现了能源的高效利用和远距离传输，使两个工业革命后进国家，几十年内跃迁为工业革命先进国家，并直到现在仍然保持着技术领先优势。

在新的产业革命发展初期，各国都已经认识到，最先开发并掌握相关技术的国家自然会成为业内的领先者与主导者。低碳科技进步是可再生能源技术、碳捕获和封存技术、智能电网技术、节能技术（能源效率）、环保技术、储能技术、建筑新材料技术、新能源汽车技术等，整个技术革命体系的进步。低碳技术几乎涵盖了国民经济发展的所有产业，真正掌握了低碳技术创新的国家必然在工业革命中占据领先地位。从某种意义上看，低碳技术就是一个国家核心竞争力的标志。因此，低碳技术的创新对于各国国家经济安全至关重要。

（二）能源安全效应

根据热力学的第一定律，能是无法创造也无法摧毁的，从地球取得的传统能源（煤、石油、天然气）有一定量的上限。人类把储存在这些物质的内能，转换成热、动能或电，使用过程中这些能源再转换成热并部分散失在环境中，再也无法被利用做功。这些能量储存物质的总量有限，更何况开采、处理与使用过程都需要消耗能源，我们无法将所有蕴藏取出，只有达到一定的品位以上才值得开采。

从工业革命以后，人类使用化石能源已经 100 多年了，还能使用多少年，事关各国能源安全，是每个国家都十分关心的问题。早在 20 世纪 70 年代就有许多学者专家提出，传统能源仅够约 40 年使用这样的预言，他们并预测在 21 世纪初期，加上人口快速增加，全球人类将面临能源短缺，粮食缺乏等窘境。20 世纪末期，WEC（世界经济与环境大会）对全球能源进行了评估，证实原油全球储存量估计约 143 吉吨至 146 吉吨；天然气的证实储存量以前苏联地区、中东及北非最多，全球约为 147T 立方米；煤矿、气体水合物等非传统形式天然气估计约还有 26000T 立方米，煤的证实储存量以北美与前苏联地区最多，全球总量约为 1000 吉吨，估计可能的蕴藏还有约 6000 吉吨。若以 WEC 评估为基础，证实储存的原油仅够约 37 年，天然气约 50 年，煤够 160 年使用。

但是从开采的规律看，由于大油田生产成本较低，原油开采都优先以大油田为主，供应不足时才会开发较小的油田；如果过了产量高峰，为了填补大型油田逐渐降低的产量，同时就需要许多小油田支撑，但是后者在很短时间达生产高峰，因此过了生产高峰后想维持原有产量越来越难。世界主要油田发现集中在20世纪60年代，这些新油田的生产要在一段时间过后才会到达最高峰；然而从1979年第二次石油危机之后，再也没有大油田的发现；1960年至1970年间，新发现油田平均储存量为5.27亿桶，而2000年至2005年间发现的新油田平均仅2000万桶。

三十多年来，传统能源需求不断上升，且缺乏大型油田的发现，WEC（2000）评估依旧预测证实储存量可提供人类使用三四十年，主要因为技术改进，提高地下原油可抽取率，可以更准确开采小规模的矿源，以及有效地管理让既有油田产量增加等，但都无法改变既有储存量有限的事实。因此，从能源安全角度看，只有通过低碳技术创新，高效利用低碳能源才能破解能源不安全的现实情况。

（三）环境安全效应

地表主要能源是由太阳光转换而成，与地表向外释放的能量相当，生态体系发展出完整的封闭系统。工业革命后，过去数百万年储存的能快速释出，破坏原有生态、环境平衡。传统能源的大量使用虽然带给人类前所未有的舒适生活，但同时随着人口增加、工业化、全球化范围的快速扩大与加深，环境问题由室内空气污染，扩大到地区性、区域性及全球性等严重污染问题，如酸雨、光化学污染、辐射污染及灾变，以及气候变化等。如何善用有限的资源，满足当代的需要，且不危害未来世代，满足其需要的发展过程就成为可持续发展思维的重要考量。

当前，传统能源使用造成最大的困境是温室效应。过去一万年来地球表面温度的改变很小，物种得以充分发展，现代文明因而产生，但近两百年人类活动已经开始破坏这样微妙的平衡：大气中二氧化碳、氧化亚氮、甲烷等的浓度显著上升，这些吸收由地表向外散发的红外线，让近地表的大气温度上升，形成温室效应。其中最重要的是对辐射吸收的贡献占所有温室效应气体的63.7%。现有浓度已经较工业革命前多出30%，由280ppm增加到380ppm。即使现在开始，人为的温室气体排放量保持稳定不再增加，大气中温室气体的浓度仍需数十年至数千年才会稳定，即使大气中温室气体的浓度已然稳定，地球气候系统可能还需要数十年至数百年才会达到新的平衡，生态体系的重建或休养尚需要数十年到数百年的光阴。

气温升高及海平面上升是全球气候变迁最显著的结果，但看似微小的改变对生态体系却可能致命：地球气温改变并非均匀分布，高纬地区温度变化比较显著，南极在过去50年气温已上升摄氏2.5度，冰川正逐年后退；陆地改变较海上高；洪水、干旱、飓风等极端气候可能更频繁；火灾、传染性疾病或病虫害因为温度上升使得危害加速，若温度上升约1摄氏度，登革热流行的潜势会增加31%到47%。农业生产周期破坏、动植物栖地改变，生态环境甚至整个社会结构都可能因此改变。因此，从环境安全看，只有通过低碳技术创新，高效利用低碳能源才能破解环境不安全的现实情况。

第二章　碳锁定与低碳技术创新

研究表明，可再生能源发电、变速电动机和燃料电池等技术已经较为成熟，不仅能大幅减少碳排放量，也能实现低成本量产，人们完全可以在不提高生活成本的同时，寻求环境更为友好的生活方式。既然低碳技术可以实现经济效益与环境效益的双赢，那么低碳技术为什么没有被快速扩散和大规模使用？西班牙学者乌恩鲁将这种整个社会陷入以化石能源为基础的技术系统中，并阻碍低碳技术的应用与推广的现象称为“碳锁定”。

一、碳锁定内涵

“碳锁定”（Carbon Lock-in）的概念是在技术锁定（Technological Lock-in）概念的基础上发展起来的。

（一）技术锁定

著名经济学家约瑟夫·熊彼特曾在《经济发展理论》一书中，对经济与技术的关系做了精辟论述。他认为，“经济上的适用性总是优先于技术上的适用性的；技术让位于经济目的，只是为了满足经济制度和目标”。他在第一章中说道：“……我们在自己周围的实际生活中所看到的，是劣质绳索而不是钢缆，是不良的挽畜而不是比赛的良驹，是最原始的手工劳动而不是完美的机器，是笨拙的货币经济而不是支票流通，如此等等。经济上的最佳和技术上的完善二者不一定要背道而驰，然而却常常是背道而驰的，这不仅是由于愚昧和懒惰，而且是由于在技术上低劣的方法可能仍然最适合于给定的经济条件。”不过，熊彼特并没有明确提出技术锁定概念。

到20世纪80年代，部分经济史学家在分析经济发展路径的时候，借鉴熊彼特的论述，发展出了“技术锁定”概念，认为：“技术及其所形成的技术系统沿着一定的路径持续发展，在更长的时间里趋于维持稳定发展的状态，抵制更加优越的技术系统，使得社会摆脱这种技术路径的成本越来越高”。这一现象，实际上就是自由市场经济失灵，导致技术垄断，降低市场效率。

从世界经济史发展看，技术锁定的例子很多，比如历史上dvorak键盘的效率要高于QWERTY键盘，通常能够让使用者节约20%—30%的时间，但是仍然不能够替代QWERTY键盘；VCR（盒式录像带）早期存在VHS和BETA两种制式不同，但价格相同、互相竞争的录像机，由于逐渐竞争优势偏向VHS制式，使得VCR最终成为主流技术。技术经济学对技术锁定的研究认为：技术最初的产生与扩散都具有很大的不确定性和偶然性，在竞争的早期阶段，规模报酬递增至关重要。规模报酬递增机制包括规模经济、学习效应、适应性预期、网络经济等。正反馈效应使得技术具有适当的时机，合适的历史条件，能够获得市场主导地位。

此外，低劣技术能够获得先机并产生技术锁定效应，也离不开政治经济学的原因。在一定的历史环境中，拥有低劣技术的利益集团为了经济利益，会阻碍其他技术的发展。比如托马斯·爱迪生发明的直流电技术系统与乔治·西屋的交流电技术系统存在竞争，直流电更有效率但是传输困难，交流电效率低下但是传输方便，尽管爱迪生针对直流电的缺陷给出了相应的应对计划，但由于交流电技术所需要的集中式电站和电网必须由区域或国家寡头经营，从而获得了政府的支持，最终交流电成为主流技术。

（二）碳锁定

西班牙学者格里高利·乌恩鲁（Gregory C. Unruh）在《理解碳锁定》（2000）一文中最早提出和使用“碳锁定”概念。随后他又连续在《能源政策》上刊发了《解除碳锁定》（2002）以及《碳锁定的全球化》（2006）两文，系统地阐述了碳锁定理论体系。

乌恩鲁的文章，源于一个问题：“为什么气候友好型技术的扩散如此艰难？”经过研究，他总结认为：“原因在于当今世界的一个重要特征，对化石能源系统高度依赖的技术，自工业革命以来成为主导技术盛行于世，政治、经济、社会与其结成一个‘技术—制度综合体’（Techno-Institutional Complex, TIC），并不断为这种技术寻找正当性，并为其广泛商业化应用铺设道路。结果形成了一种共生的系统内在惯性，导致技术锁定和路径依赖，阻碍替代技术（零碳或低碳技术）的发展。这被概括为‘碳锁定’。”

煤、石油和电力技术的利用，使人类掌握了大规模工业生产方式，进入现代社会。但是依赖化石能源形成的技术并不比同类技术更加优越。事实上，化石能源技术系统造成二氧化碳的大量排放，造成全球气候变暖问题。此外，化石能源技术本身具有的特性，使得生产、开采、传输都有自然垄断性。人类对化石能源技术的依赖，造成市场的垄断和价格的扭曲。比如电力和能源行业，在现实中是所谓自然垄断现象存在最为普遍的行业。

乌恩鲁认为，碳锁定的原因在于社会已经形成了“技术—制度综合体”，即技术、技术系统以及所依赖的组织和制度，相互嵌合共生，形成紧密的社会经济体。当某一种技术占据市场主导地位的时候，企业在技术再创新时，为了减少成本和风险，会继续使用和选择主流技术。而行业也会根据主流技术状况，设定行业标准，设计特定的供求关系，培训特定的人力资源教育培训体系，通过相互间的不断强化而形成技术系统。

在技术系统形成后，围绕技术系统，各种社会制度不断展开，相互影响，形成诸如工会、学校、工程师协会、消费爱好者协会等组织，而在技术系统中，利益密切相关的群体也会强化形成技术联盟或职业联盟。而在缔结这种联盟的过程，社会习俗、社会规范乃至社会价值观等也会发生变化，锁定到技术系统中。这些利益群体通过政治游说，从社会制度和法律上强化技术系统。正如美国著名经济学家约翰·肯尼思·加尔布雷思（John Kenneth Galbraith）曾在其 1967 年出版的《新工业国》一书中指出：“各种协会及社会机构最终和主流设计的寡头垄断者的利益融为一体，因为，他们对一个日益膨胀的技术系统的共同依赖对彼此都非常明显。”

理论上，尚未建立完善能源基础设施的发展中国家，还没有完全锁定到化石能源技术系统过来，可以实现技术跳跃式发展，直接进入低碳时代。但是，从实践发展看，还没有发展中国家直接跳跃进入低碳经济的成功案例，相反，发展中国家可替代能源使用比例远小于发达国家。正如 Unruh 和 Javier（2006）所述，“高碳能源时代”并不会被轻易地跳过，相反“碳锁定”会形成一种全球化的趋势，使解锁变得愈加困难。

（三）碳锁定的重点领域

由于技术发展路径和资源禀赋丰富程度，为解决人类社会生产和消费需求，决定了大多数国家一般使用化石能源作为主要的能源来源，在使用化石能源的过程中，大量的温室气体排放到外界。其中，交通运输、发电、工业及建筑业的能源消耗较多，并且已经形成了复杂技术系统，是碳锁定的主要领域。

1. 发电领域

从碳排放角度看，目前发电领域多数使用火力发电技术，如燃煤汽轮机、内燃机发电技术仍然占据主导地位。这些技术依靠煤、油或者天然气，碳排放程度大，污染最严重。火电站建设周期长，投资大，要使火电厂改变原有技术结构和技术系统需要昂贵的前期投入，因此，先进火电发电技术如超（超）临界技术、整体煤气化联合循环（IGCC）技术、循环流化床（CFB）技术、大型热电联产技术和大型空冷技术等短期内应用较少。

表 2—1　各种发电技术的对比

发电技术	主要技术	发电效率	优点	缺点
火电	燃煤汽轮机发电技术和内燃机发电技术等	40%—50%	建设成本低，安全性高	煤耗高、排放多、污染重
水电	坝工基础工程技术和转轮技术等	90% 以上	环保、清洁	建设成本高，不稳定
风电	风力发电机技术	—	可再生、无污染、能量大	噪声，视觉污染，不稳定，成本较高
核电	压水堆、沸水堆、重水堆技术	100%	容量大、稳定性高，零排放	成本高、放射性

2. 汽车消费领域

根据汽车产业发展规律，当一个国家和地区人均 GDP 达到 1000 美元，就会进入改变生活质量的汽车消费时代，从世界范围看，已经进入汽车消费高速增长的时代。在汽车制造技术中，燃油发动机技术给环境带来较大的污染，但由于已被锁定为市场上的主导技术，导致人才和技术设备专业化发展，尤其是形成了品牌效应，再加上新能源技术成本高，因此，燃油汽车行业蓬勃发展，带动了人才的专业化趋势和汽车的品牌效应，短期内采用电动汽车技术，降低石油需求量，减少运输行业的碳排量有很大难度。

3. 建筑能耗领域

建筑能耗是指建筑物在建设和使用过程中的能耗，包括采暖、空调、照明、热水、家用电器的使用等所造成的能源消耗。据统计，全球能量的 50% 消耗于建筑的建造与使用过程中，94%的建筑为高耗能建筑。目前，与西方发达国家相比，发展中国家已有的建筑节能标准和指标仍处于初级水平，新标准的实施举步维艰，执行率不超过30%。另外，占能耗较大比例的旧有建筑的节能改造技术还不成熟，目前仍存在。

二、碳锁定效应

（一）碳锁定对低碳技术创新的阻碍效应

由于政府、金融机构、供应商和基础设施等技术支撑系统同现有技术创新间建立起正反馈系统，加上能源系统的基础设施建设和技术创新研发周期都很长，因此，即使存在经济成本更好的替代技术，现有技术的支撑系统仍然会支持传统技术的研发，从而阻止新技术的创新。

更进一步看，相比传统技术，大量低碳技术仍然是比较新的技术体系，面临着较大的技术风险和高昂的外部成本，未来绩效具有较大的不确定性，而现有技术已经较为成熟，风险较小，因此，企业等技术创新的主体并不愿意主动投资低碳技术的研发，碳锁定构筑的风险围栏也阻碍了新技术的发展。

（二）碳锁定导致的环境危机效应

碳锁定的环境效应主要是指因高碳产业发展导致二氧化碳排放超过环境的承载能力而产生的环境物理效应。高碳行业产生的碳锁定环境效应主要表现在：一是，粉尘污染，在能源和工业生产中燃烧化石能源向大气中排放了大量烟尘颗粒，使空气变得混浊不堪；二是，从工业城市排放的微粒具有水汽凝结核的作用，容易出现极端降雨天气，导致大量的自然灾害；三是，人类生产和生活中向空气中排放过多的酸雨，导致农作物减产；四是，废热排放容易导致热岛效应；五是，全球空气重温室气体增长导致温室效应。因此，碳锁定路径导致碳排放持续增加，会加强环境的污染和破坏。

（三）碳锁定导致的能源危机效应

由于化石能源是经过上万年的动植物遗骸的沉积演变形成的能源，是古代生物吸收太阳能转化而成的一种碳氢化合物或其衍生物。煤、石油、天然气、铀等能源资源都是不可再生的一次性能源。人类目前对化石能源的高度依赖，会因能源资源的枯竭而引发能源危机，导致全球进入无能源的时代，甚至因为抢占剩余的能源资源而引发战争。

（四）碳锁定导致的经济危机效应

碳锁定导致全球高度依赖化石能源资源，例如，火电发电厂是世界上排放温室气体最多的行业，占全球二氧化碳排放总量280亿吨的30%。火力发电是人类赖以生产的基础，也是整个世界经济发展的最根本的驱动力量。如果化石能源枯竭，必然导致世界逐渐减少火力发电，如果高碳技术持续锁定世界发展路径，新的替代技术体系不能逐渐建立，则世界极可能因为能源危机而陷入经济危机之中，出现经济大萧条现象。

三、碳锁定效应发生原因

从当前发电、汽车消费、工业能耗和建筑能耗的发展情况看，都存在着严重的碳锁定效应。造成碳锁定的因素很多，大体上可以分为技术锁定和制度锁定两类，其中技术创新系统锁定是决定性因素，而制度锁定是催化剂。

（一）技术锁定

系统具有正反馈机制，技术创新系统也不例外，技术创新初始条件在很大程度上决定了技术创新的方向。如果初始情况下的偶然事件使得技术系统走向了A模式，那么在没有大的外界条件冲击下，系统就会沿着A模式继续前进，即使出现了更好的替代B方案，既定的路径也很难改变，并且是A模式时间越长，改变A模式就越难，从而形成路径依赖。

比如目前高度依赖的燃煤发电技术和燃油发电技术，无论从经济上还是技术上看，并不是市场上最有效的技术形态，但是只要其一旦投入市场，就必然形成自我强化的反馈机制，从而逐步占领市场，阻碍其他经济效应和生态效应更好的技术发展与应用。

工业发展进程表明，化石能源技术的正反馈效应不仅取决于技术的自我强化，而且，化石能源技术使用中所必需的基础设施和机器设备也起到重要的催化作用。这些与之配套的大量设备、耗资大，使用年限一般在15年至50年及以上，在能源使用的过程中，要想避免高碳技术的弊端，推行低碳技术，不仅存在新技术的高风险问题，还必须建立新的基础设施来配套。

（二）制度锁定

制度体系一般包括产权安排制度和资源配置制度。环境产品的公共属性，使得环境权难以得到有效的界定，作为理性人的企业，为了实现自身效应最大化，逐渐在制度上形成了环境无偿使用的习俗。反映在碳排放领域，则是企业不愿意对碳排放的外部性进行内部化处理，并不断影响政策安排。比如，在化石能源体系，形成了石化、钢铁、建材、有色金属等产业，并衍生出汽车、船舶、机械、建筑行业，从而形成了化石能源利益集团。这些利益集团通过游说、寻租等方式俘获政府，影响到地方政府的政策。这使传统技术的变革受到很大约束。

此外，各种正式和非正式的社会机构对制度的影响也不可忽略。政府机构一旦支持某个技术体系，那么其技术体系就会建立相应的社会机构。比如，化石能源体系已经建立起各种各样的煤炭协会、煤炭技术联盟、煤炭融资机构，这些机构利用政府机构和社会网络的链接加强锁定效应。

（三）社会锁定

高碳技术发展到一定时期后，在满足社会需求和履行社会功能的同时，不断深化嵌入社会体系，同社会其他层次和制度发生耦合关联，形成“碳基社会技术系统”。这一系统反过来又进一步强化碳基技术的主导地位，从而形成高碳社会锁定。

以电力技术为例，从19世纪以来，世界上大部分国家已经完善地建立起以煤、天然气等化石能源为基础的大型集中电力供应体制。经100多年的发展，化石能源发电技术不断完善成熟，伴随这个过程，化石能源开采技术也不断成熟，加上已经建立起固定成本巨大的配输电网等互补性基础设施，因而使得电力价格成本低廉，企业和民众用户基础不断扩大。而为了满足人们不断增加的电力需求，确保电价的稳定，政府已经建立起相应的管制框架和激励机制，在限价的同时，允许和鼓励对电力生产加大投资，建造更多大型的碳基集中发电厂。随着碳基发电技术系统的扩张，各种生产和使用的报酬递增机制会进一步降低成本，提高碳基发电技术系统的可靠性和可利用性。

因此，由于廉价电力刺激社会对电力的消费需求，激励碳基发电技术进一步发展。在这个过程中，集中发电技术系统与其他社会系统的相互耦合强化，不断推动碳基技术—制度的复合扩张，形成电力技术、企业乃至市场对社会的垄断。因此，要实现对碳基技术的替代转型，创新低碳技术，就必须改变其所嵌入的社会环境。

四、低碳技术创新与碳解锁路径

从工业化发展进程看，人类只要继续消费使用石油、煤炭等碳基能源，就必然会增加大气中的温室气体含量，使得大气中的碳通量超过地球生态系统的碳阈值。因此，要降低碳排放量，就必须让人类的生产发展脱离碳锁定，实现碳解锁。解锁的关键在于技术创新及技术创新体系的支持，即最大限度地降低经济发展对生态系统碳循环的影响，实现经济发展的碳中性技术及相关的政策制度支持。技术创新是低碳经济发展的动力源泉，是破解碳锁定的根本对策。但在碳解锁过程中，必须运用系统原则，建立有利于低碳技术创新的系统环境才能破解“高碳技术—制度”复合锁定。

（一）提升低碳技术研发的自主创新能力

低碳技术是低碳经济的核心和动力，低碳技术的创新能力决定了我国是否实现经济发展的低碳转型。“自主创新，实现跨越式发展”是我国高新技术产业发展的主要战略，我国低碳技术创新发展也必须遵从这个战略。要实现低碳技术自主创新，就必须组织相应力量开展有关低碳经济关键技术的长远规划，鼓励企业和院校积极投入低碳技术开发，实现协同攻关，优先开发新型、高效的低碳技术，优先进行低碳设备制造和低碳能源生产。

具体包括：加快低碳技术的转化，积极调整经济结构和能源结构，尤其是要调整高耗能产业结构，推进能源节约，重点预防和治理环境污染的突出问题，有效控制污染物排放，促进能源与环境协调发展；将引进、消化、吸收与自主创新有机结合起来，加快对清洁能源技术与装备、光伏、生物质能、风电装备、清洁燃料汽车、重点生产工艺节能技术、二氧化碳捕获与封存、大规模高效储能技术、技术研发，实现经济的持续增长和向低排放模式的根本性转变；充分利用各研究机构，大学的人才优势，积极进行低碳技术的理论研究，建立以企业为主体，政府引导，技术评估、技术交易、行业协会、技术创新联盟、生产力促进中心等中间机构参与的产业自主创新体系。

（二）加强低碳技术研发的创新平台建设

技术研发平台是实现技术协同持续研发所必需的支撑性资源。我国一直非常重视创新平台建设，在国家中长期战略发展规划中就提出了建设五个高技术平台：绿色工业过程平台、纳米技术与微系统平台、高超声速技术验证平台、工业生物技术平台和超级结构材料平台。低碳技术研发需要能源、机械、管理等领域的协同持续研发，更需要相应的创新平台支持。

具体包括：加强低碳技术研发的基础资源平台建设，包括技术标准、技术信息、技术数据、设备仪器、计算软件、技术咨询、产品认证、技术培训等；加强低碳技术研发的共享机制平台，主要是联合企业、科研机构、高等院校，包括国家重点实验室、国家工程技术研究中心等，共同对资源进行整合、共享、完善和提高，并在此基础上建立低碳公共技术服务平台，成立低碳产业研发中心等；加强共性技术共享平台建设；注重低碳前沿技术的平台建设。核能、太阳能、新型动力电池（组）先进电动汽车、碳捕获与封存技术等，尤其要特别注重与信息技术等其他高新技术交叉学科的平台建设。

（三）创造有利于低碳技术发展的投融资体系

低碳技术具有高投入、高风险的特点。欧盟、美国和日本等国家，在全球低碳技术研发水平上占有绝对优势，与其完善的风险投资和资本市场的有力支撑密不可分。

从经济发展大环境来看，缺乏多层次的资本市场一直是低碳技术发展缓慢的重要障碍。因此，通过政策的引导和支持，促进有利于低碳技术发展的投融资体系建立，解决低碳技术研发融资难的问题，应成为当前低碳技术发展政策的重要目标之一。

具体包括：设立低碳技术专项基金，为低碳技术的研发提供资金支持；设立中小企业创新基金，促进知识创新，争取获得更多有价值的自主知识产权；增大政府财政支持的科技风险投资引导基金的强度，向低碳技术研发倾斜；积极发挥政府的引导作用，利用风险投资引导社会资本，推动形成低碳产业创业和发展的资本聚集机制。

（四）促进低碳技术的合作与交流

目前，我国低碳技术的普遍研发水平与发达国家甚至与国内先进水平之间有不小的差距，要在短时间内提高水平，除了要依靠自身的自主创新，还要加强与国际及国内先进地区之间的交往合作。国际或国内先进地区间的技术转让能够很好地解决我国低碳技术的缺乏，促进低碳关键技术的不断突破。而且，自主创新与国际国内合作是相互促进的，自主创新在一定程度上决定着与国际国内合作的紧密程度。因此，促进低碳技术研发的合作与交流也应当成为低碳技术政策的重点。

具体包括：积极参与国际碳市场减排合作，通过清洁发展机制CDM项目，引进发达国家先进的低碳技术，鼓励企业依靠商业渠道引进技术，鼓励企业通过CDM项目在联合国CDM执行理事会注册以获得更多的资金及技术支持；加强技术层面的国家合作，提升国际科技合作的层次和水平，积极参与低碳技术关键领域的国际科技合作计划，提高低碳技术研究水平和自主创新能力；采取“引进来，走出去”的战略，以资源和市场换取国际低碳技术发展的最新成果来提高研究水平，将一批拥有自主知识产权的低碳产品推向国内发达地区和海外市场，拓展品牌和技术优势，走国际化发展的道路。

第三章　低碳技术创新动态

能源一直是人类生存和发展的基础。"二战"结束后，源于重建社会经济和满足国民生活所需的巨大能源需求压力，以及近年来对全球面临环境危机的担忧，发达国家开始将精力和资金优先投入对低碳技术的研发和创新当中，紧接着迫于实现本国经济的赶超和避免重蹈部分发达国家在环境治理方面的覆辙，许多发展中国家也以低碳技术为契机，纷纷加强本国低碳相关政策和低碳技术的创新。

一、欧盟低碳技术研发与创新

（一）欧盟低碳技术创新导向

欧盟和美国等市场经济发达国家在经历几次石油危机，并承受发展中非可持续性行为带来的恶果之后，率先进入发展低碳技术的时代。从 1970 年左右，欧盟成员国便开始有意识地进行低碳技术的研究，虽然那时还没有低碳技术这一词汇，低碳经济一词更是在 2003 年才正式为人们所了解。经过长期的积累，欧盟已经在一系列能源生产和能效技术方面拥有了世界领先地位。

1. 走无碳技术优先发展技术路线

为促进低碳技术研发，欧盟先后成立了"欧洲能源研究联盟"和"联合欧洲能源研究院"，并且制订了六项计划用于促进欧洲的低碳技术研发，其中包括："欧洲风力计划"、"欧洲太阳能计划"、"欧洲生物质能计划"、"可持续核裂变计划"、"欧洲电网计划"、"欧洲二氧化碳回收与储藏计划"。从这六大计划可以看到，与无碳技术直接有关的就有四个。欧盟选择无碳技术作为低碳技术发展重点的原因有如下几个方面。

（1）基于第二次世界大战以后，在科技水平和经济实力等方面，欧盟地区与美国之间的明显劣势这一严峻局面，以英、德为首的欧盟，率先在20世纪末期，以传统工业文明给地球环境的巨大影响为由，发起了一场以根本改变能源利用方式的经济和技术变革风潮。而清洁能源因此可以从根本上减少大气中的碳含量增加，实现彻底的无碳经济，从而成为这场变革的理想选择。同时，欧盟以无碳技术为突破口，希望在无碳技术上实现战略性的改变世界经济竞争的格局。

（2）主要欧盟国家的经济发展，一直高度依赖于化石燃料，因此形成了比美国更强的对化石燃料的进口依赖。欧盟化石燃料高度依赖进口，不仅制约了欧盟国家的发展，同时，也对欧盟各国的经济安全甚至是国家主权构成了严重威胁。因此，寻找替代能源，研发无碳能源将能够从根本上有效改变这种能源依赖的被动局面。

（3）欧盟的主要国家虽然在经济实力方面不及美国，但是，许多科技都源自欧洲，在欧洲各国数百年的发展过程中，积累了丰富的科技基础和研发人才。因此，发展无碳技术也有助于发挥欧盟地区在科技实力上的比较优势。

2. 面向低碳未来的四项举措

（1）建立联合战略规划

共同体层面新的合作方式需要一种覆盖面广、充满活力、手段灵活的方式，以指导合作进程，确定优先领域，提出行动计划。这是一种集体性战略规划的方式。成员国、工业界、研究界和财政部门必须开始以更具有结构性和任务导向的方式开展交流、作出决定，在一个合作框架中与欧共体一起制订和实施行动计划。这就需要一种新的治理结构。

第一，建立战略性能源技术高级指导小组（Steering Group on Strategic Energy Technologies）。欧委会于2008年建立此小组，由各成员国代表组成。该小组的任务是：涉及联合行动，通过协调政策和计划提供所需资源，系统地检测和评估进展情况，努力实现共同目标。通过组织欧盟能源技术峰会，使整个创新系统的相关各方，从工业界到消费者，再到欧盟机构、金融机构以及国际合作伙伴，有机会坐到一起，评估研究进展，推广研究成果，促进不同部门间的交叉传播。

第二，建立欧洲能源技术信息系统（European Energy Technology Information）。

这是一个开放性信息和知识管理系统。该系统包括由欧委会的“联合研究中心”创造的“绘制技术图谱”和“绘制能力图谱”。该系统将通过能源市场观察站和两年一度的战略能源评估报告，协助对智能电网研发计划（SET）①计划进展情况进行定期报告，为制定能源政策提供信息支持。

（2）建立更有效的实施方式

为了加快开发和市场引入进程，欧盟提出建立能够发挥公共干预、工业和研究人员潜力的更强大的机制。

第一，“欧洲工业行动倡议”。这些行动倡议旨在通过必要的关键性活动和主体，加强工业部门能源研究和创新。它们将集中和协调共同体、成员国和工业界的努力，实现减少成本、提高能效的共同目标，同时，把目标锁定在共同体层面上的合作可以带来最大价值的技术领域，因此，障碍、投资规模和相关风险等都能够通过集体的方式得到更好的解决。具体包括之前所提六项行动计划。对全欧已经拥有足够工业基础的技术，可采取公私合营的形式。在合适的情况下，可结合运用“技术推动”和“市场拉动”的工具。

第二，创建欧洲能源研究联盟。欧盟拥有强大的国家能源研究所和在大学与专业中心工作的出色的研究团队。他们追求类似的目标，但却各自制定战略和工作计划。传统工具（如项目和网络）已不足以协调他们的努力。扩大共同体层面的合作能够确保资源得到更有效的利用。欧洲理工学院（European Institute of Technology）将为实现这一梦想提供一个合适的载体。

第三，跨欧能源网络和系统。建设可持续、互联的欧洲能源系统需要大规模的能源基础设施变革和组织创新。这一进程需要几十年，它将改变欧洲能源工业和基础设施的面貌，是21世纪最重要的投资之一。不同的部门都会受到影响，不仅包括能源、环境和交通，也包括信息和通信技术、农业、竞争、贸易等。这就需要运用多学科的办法来研究问题，因为这些问题正在日益关联。要规划和发展未来的基础设施和政策，就必须对新能源技术选择的全面影响和后勤保障问题有良好的了解。该行动将有助于优化和协调欧盟及其邻国间低碳能源系统一体化的发展。它将有助于发展欧洲层面在诸如智能双向电网、二氧化碳运输和存储、氢能分配等领域进行预测的工具和模型。

（3）增加资源

第一，增加投资。以2007年法国、德国、意大利与英国的低碳研究资金投

---

① European Commission, A European Strategic Energy Technology Plan (SET-PLAN)——“Towards a low carbon future”,COM(2007)723 final, Brussels, 22/11/2007.

入为例，这几个国家总共投入了约15.8亿美元在低碳技术研发上，其中绝大部分用于无碳技术。按照欧盟的计划，从2010年到2020年10年内，欧盟的低碳技术的研发与应用研究的资金投入总量将会达到530亿欧元。其中60亿欧元将用于风能技术的研究，160亿欧元投入太阳能技术的研发，90亿欧元将消耗在生物质能的研究中，70亿欧元用在核能研究，20亿欧元用在电网研究方面，最后，130亿欧元将用在二氧化碳捕捉和储藏的技术示范项目上。

第二，扩大人力资源基础。为了提高有能力应对能源创新技术挑战的工程师和研究人员的素质和数量，欧委会将利用像科技研发框架计划中的“玛丽居里行动”，来促进能源领域研究人员的培养。SET计划框架内的行动，如“欧洲工业计划”和“欧洲能源研究联盟”，将进一步创造教育和培训机会，其目的是为欧洲和全世界最优秀的科研人员创造诱人的工作环境。成员国扩大本国人力资源基础的行动应更好地加以协调，最大限度地利用各种协作体，在某些因缺乏年轻人加入而遭受人才压力的部门要增加流动机会。联合计划的共同出资要给予优先考虑。

（4）强化国际合作

通过国际合作促进低碳技术的全球发展、商品化、推广应用和获取。发达国家需要确保加强“公共产品”研究，如安全性、公众接受度以及相对长期的前沿研究。发展中和新兴经济体可以为欧盟工业创造新的市场机会，确保在资源准入和开发方面的有效合作，可以有如下集中方式：能源技术中心网络化；为最具潜力的技术建立大型示范项目；加大创新性融资机制（如全球能效和可再生能源基金）的利用率等。

3. 面向低碳未来的支持计划

（1）第七个研发框架计划

该计划是欧盟贯彻里斯本战略的两个最重要的财政工具之一。通过科技手段为实现欧盟经济转型服务。促进经济增长和就业扩大。通过巩固“欧洲研究区”（ERA）、发展欧洲知识经济和知识社会，使欧盟的研究政策与其经济社会政策目标相统一。2010年研发总投入达到GDP的3%（2/3由私人投资）。

第七个研发框架计划由四个专项计划组成：①合作计划。预算323亿欧元。刺激跨国框架内各大学、工业界、研究中心和公共机构之间的合作。加强工业部门与科研机构的联系。帮助欧洲占领和巩固关键科技领域的世界领先地位。②思想创新计划。预算75亿欧元。加强欧洲的研究探索，发现能够改变我们世界观和生活方式的新知识。③人力资源计划。预算47亿。旨在改善职业前景，吸引年轻研究人员。④研究能力建设计划。预算 42 亿。目标是为研究人员提供强大的工具。支持研究基础设施建设，创建地区性研究型联合体。

框架内支持的非核能技术研发有九项，包括：氢能和燃料电池；可再生能源发电；可再生燃料生产；可再生能源取暖和制冷；实现零排放发电的碳捕集与封存技术；清洁煤技术；智能能源网；能源效率和节能；能源政策决策知识。

（2）欧洲聪明能源计划 IEE（Intelligent Energy-Europe）

欧盟对能效和可再生能源领域非技术行动的支持计划，7.3 亿欧元预算。这是一项低碳技术研发与欧盟经济发展转型进行紧密结合的计划。IEE 最终被纳入 CIP。目标是支持能源领域的可持续发展，促进环境保护、供应安全和竞争力三个目标的实现。其重点是消除非技术壁垒、创造市场机会、增强公众意识、谋求促进能源监管框架的实施、提高对新能源技术的投资量、提高能源利用效率、普及新能源和可再生能源的应用、扩大其市场占有率、促进能源和燃料多样化、提高可再生能源比例以及减少最终能源消耗的活动。交通运输领域也是该计划关注的重点。IEE 包括的专项计划有：①能源效率和能源的合理使用，特别是建筑和工业部门；②新能源和可再生能源发电产热及其与当地环境和能源系统一体化的问题；③交通领域的节能问题。

（二）欧盟低碳技术创新概况

欧盟国家对解决全球气候问题、践行低碳经济发展政策的努力有目共睹。欧盟一些主要成员国已经实现民用核能的广泛应用，如法国有 70% 的能源来自核能，法国人均温室气体排放量比欧洲平均水平低 21%；欧盟已经成为现代可再生能源技术（如太阳能、生物能源和风能）的领路先锋，实现了风能和光电能产量的有效增加，并保持了发电成本的下降；欧盟同样是全球发电和配送技术的有力竞争者，如智能电网技术的研发和应用；另外在碳捕集与封存技术领域也拥有强大的研发能力。目前欧洲低碳技术研发平台已经建立，研究和示范的财政支持已经在第七个科技研发框架计划下提供。在接下来的小节里主要介绍欧盟当前发展低碳技术的情况。

1. 欧盟低碳技术研发现状

下表给出了欧盟当前主要低碳技术的情况。

表 3—1 欧盟当前主要低碳技术

低碳技术	现有市场份额	商用现状
风能	占能源需求的 3%	现有设置容量：50GW；陆地发电实现商业化应用
太阳能	占能源需求的 0.1%	现有设置容量：3.4GWp；小规模太阳能发电已经商用
太阳能空调	占能源需求的 2%	有装置容量：13GWth；小规模热水装置已商用化；冷热两用装置还在试验中
地热供暖与发电	占能源需求的 10%	现有设置容量 95GWe；大中型系统已经商用化
热电联供	占能源需求的 10%	现有设置容量 95GWe；大中型系统已经商用化
零排放化石燃料电站	0	仅掌握个别要素技术，进行小规模的商用试验
生物质燃料	390 万吨	第一代生物质燃料已经商用化
氢燃料电池	0	大规模氢制造在开发中；小规模的氢制造已商用化

（1）风能

风能一直是很多国家主要并优先发展的低碳能源。德意志银行 2008 年的研究报告表明，在各种可利用的可再生能源当中，无论从技术成熟度，还是经济可行性看，风能技术一直具有最强的竞争力，而从风能发展的速度来看，全球风能发展年均增速达到 20% 以上。2003 年以来，欧盟的风能技术研发迅速发展，已经成为欧盟开发最为成熟和具有领先优势的可再生能源之一。据统计，2007 年欧盟风能行业的从业人员数已经达到 15.4 万人。主要发展和应用的欧盟国家包括了西班牙、丹麦、法国、德国、英国和意大利等。从数据看，欧盟风能发电量达到 5700 万千瓦，占欧盟电力供应的 4%，设置容量达到 50 吉瓦，占欧盟能源需求的 3%。预计到 2020 年，将能为欧盟提供 32.5 万个就业岗位。

欧盟各成员国中，尤以丹麦开发风能最为成功，并因此创造了独特的“丹麦低碳经济模式”。丹麦经过 20 多年的发展成为风能行业的领先者，其风能发电量达到国内总供应量的 20%，并让风能行业成为第二大出口产业，是欧盟唯一的能源净出口国和最低单位 GDP 能源消耗国。仅维斯塔斯一家公司，就在全球安装了 3.9 万台风机，占到全球装机总量的 30%，而且还以每三小时一台的速度在世界各地安装着。目前，丹麦是世界风能发电大国和发电风轮生产大国，生产的风电设备占世界市场的 40% 以上，居世界第一，风能发电总装机容量超过风车之国荷兰以及英国，世界上超过一半的风机来自丹麦。位于其中部的新能源供应示范岛萨姆索岛，在 10 年的时间里实现了 100% 的可再生能源供给，岛上的全部电力由 11 台风力发电机提供，热能由 4 个采用秸秆和木屑的供热系统产生，因此岛内的二氧化碳减排提高了 140%。

（2）太阳能

太阳能可谓是一种取之不尽，用之不竭的清洁能源，并且，根据科学家的估算，每 2 小时太阳光照射地球带来的能源，就可以满足人类社会一年左右的能源需求。太阳能光伏产业专利申请集中度是衡量行业技术发展的指南针，根据有关报告，各国和地区太阳能专利技术主要集中在光伏材料领域，欧盟太阳能光伏产业专利数（1990—2009）排名日本之后，居于世界第二。德国与美国、日本等发达国家掌握了半数以上的太阳能光伏材料等关键技术，如光伏发电核心原材料多晶硅的生产关键技术，基本被发达国家高科技公司所垄断，发展中国家如中国基本依赖进口。

2009 年 7 月，由德国慕尼黑再保险公司、德意志银行、西门子公司、能源供应商 RWE、HSH 北方银行以及瑞士 ABB 等 12 家机构代表，以及欧盟和德国联邦政府的机构代表在慕尼黑召开会议，并共同签署了一项协议，计划投资 4000 亿欧元，正式启动了德塞尔泰克工程项目，即在非洲撒哈拉沙漠建造一个世界上最大的太阳能发电厂，该发电厂计划于 2020 年实现并网发电。届时，其产能将相当于 20 个传统火电厂的产能，约 20 千兆瓦电力，占欧洲电力 15% 左右。通过从撒哈拉沙漠和欧洲之间构建的新型高压电网来实现传输。全部工程计划于 2050 年完成，从低碳能源的利用带来的各类正向收益及经济回报来看，具有良好的综合效益。其关键技术在于能够有效降低远距离电力传输中的电能损耗问题。德塞尔泰克工程采用的新型高压传输技术，将每 1000 公里 30% 的电能消耗降低到仅 3%，从而让从北非输送到欧洲的电能在经过 10000 公里的“长途跋涉”后仅消耗总电量的 1/3 以下。

（3）智能电网技术

欧委会近年来一直在部署智能电网技术的应用。其目的是为了实现欧盟的“2020 战略”的可再生能源及节能增效目标。尤其随着风力发电项目和光伏发电项目的建设步伐加快，欧盟必须加速智能电网技术的发展和推广应用，从而保证可再生能源实现协调和可持续发展。智能电网技术除了可以帮助解决无碳技术发电场产品与高压输电网的有效连接、电网稳定和电能储存等问题，如对来自北海及波罗的海的集中式风力发电场以及欧盟西南部成员国，及北非国家的规模化太阳光伏发电场的电流的处理。而在另一方面，智能电网技术还可以解决诸如低碳城市、电动汽车电池充电设施的需求以及电力优化配置等问题。最终，将能够促进整个欧盟经济的持续增长，保证充分的就业岗位，维持欧盟的技术领先水平和未来地区竞争力。

2011 年 10 月 19 日，欧委会正式向欧盟议会、理事会等相关机构递交了欧盟“2020 智能电网技术发展及应用报告”，其中，重点的改革目标和准备采取的政策措施包括：

第一，尽快制定有利于扩大智能电网研发和建设资金投入的法规政策。目标是尽快完善相关法律法规制度的建设，实现政策的可持续性，制定智能电网技术和项目发展的激励措施，以及明确新能源上网和销售价格等，最终创造一个全社会投资智能电网的良好环境。因此，这些法规政策应有利于：①实现充满竞争活力的市场机制；②保证经济上有效运行、合理回报的能源服务市场；③优先可再生能源的入网和销售；④实现对电动汽车、节能增效等新型需求的满足。

第二，重新评估和完善促进智能电网技术应用标准的政策措施。计划包括评估和重新梳理当前欧盟输电网和配电网的政策法规制度，从而规范制度环境，以促进智能电网技术应用、智能设施及设备、智能电表等的标准化建设，保证智能电网的电力均衡分配，即合理满足消费者、生产商、运营商和投资者在节能增效基础上的电力需求，完善相关政策措施。

第三，构建支撑智能电网技术研发的技术咨询和交流平台。通过智能电网研发计划（SET），加大对智能电网技术的研发投入和研发创新活动力度。通过优惠政策激励智能电网技术类创新产业集群、科技创新型中小高科技企业的发展，建立能够集咨询透明、法律法规、政策措施、经验做法等于一身的智能电网技术服务平台，实现对资源的优化配置，从而促进智能电网技术的广泛应用和全面部署。

2. 欧盟低碳技术创新系统

低碳技术研发创新在现今时代，必须从系统的角度出发，构建创新体系以实现更持续有效的低碳技术研发创新。从梳理欧盟的各项决策和措施可以发现，除了社会基本环境，如低碳知识和意识宣传，欧盟主要从三个层面打造低碳创新体系。

（1）私营部门

发展低碳经济是欧盟经济结构升级的绝佳途径。建立战略联盟是工业界分摊研究和示范负担、分享成果的一个必要手段。工业部门应准备增加投资，承担更大的风险。不同技术（如汽车行业、混合燃料汽车、燃料电池、生物燃料）之间的协作有很大利用空间。工业部门还可携手合作，积极制定全球法规和标准，克服公众对新技术接受的复杂问题。

（2）成员国

成员国需要为 2020 年节能减排 20% 的目标做出贡献，使其能源系统到

2050 年逐渐实现去碳化。目标明确、措施到位的能源技术研究，有助于成员国以利益最大化、成本最小化的方式实现其目标。成员国行动的目标是努力增加投资，提供清晰无误的市场信号，以减少风险，刺激工业部门发展更可持续的技术。例如，制定先进的激励机制，刺激创新，创造价值链，而不是不恰当地扭曲竞争或者给短期潜力最大的技术提供补贴。税收优惠和成员国层面上实施的共同体工具，如结构基金，可用来加强研究基础，建设创新能力，促进优秀成果脱颖而出，增加人才资源。加强成员国计划和措施的实施、监督和评估，积极改善与其他成员国和共同体研究努力相协调，也会带来红利。

（3）共同体层面

能源技术领域采取一种新的共同体途径对于实现 SET 计划的目标至关重要。共同体是一个载体，可以汇集资源、分担风险，开发具有巨大潜力但缺乏市场竞争力并且单个成员国没有能力开发的新技术；促进技术和能源系统的战略规划，以确保成员国通过共同的办法来解决具有跨境性质（如网络）的问题，并以最佳的方式向未来能源系统过渡；使成员国更好地收集和分享数据与信息，以支持能源技术的政策制定，指导投资决定；确保国际合作研究努力的协调；应对共同问题和非技术性障碍，如公众对新技术的接受和认知问题，寻找共同的具有广泛推广性的解决办法。如“欧洲研究区 ERA”已经开始走上成员国之间开展共同研究规划的道路；“卓越网”（networks of excellence）已经为各国研究中心提供了在专门领域联合攻关的机会。

二、美国低碳技术研发与创新

（一）美国低碳技术创新导向

美国是世界能源生产和消费大国，同时也是世界第二大碳排放国，二氧化碳排放量约占世界总排放量的 1/4。数据显示，美国的二氧化碳排放由 1973 年石油危机时的 4685.7 兆吨上升至 2008 年的 5859.6 兆吨。2008 年美国一次性能源消费总量为 22.99 亿吨油当量，占世界能源消费总量的 20.35%，同年度美国一次性能源生产量为 12.42 亿吨，占世界能源生产总量的 16.48%，其能源消费与生产位居世界前两位。

美国非常了解在未来世界政治经济竞争中低碳技术的重要作用，因此，同样努力借助其在能源效率和可再生能源方面的技术积累和相对强大的资源优势，大力发展低碳技术，其中尤以去碳技术和减碳技术为主，意图继续从根本上主导未来世界经济发展和势力格局。在布什政府期间，美国就已经通过了一系列促进低碳经济发展的法律法规以及激励政策。美国环保局于2002年6月公布了《2002年气候变化报告》；2005年公布了《能源政策法》，其中各种激励措施涉及的资金高达145亿美元，对于普通消费者和中小企业都设立了各种充满激励的经济奖励条款。美国参议院于2007年7月提出《低碳经济法案》，第一次正式提出“到2020年美国碳排放量减至2006年水平、2030年减至1990年水平的碳排放总量”的控制目标。同时，该法案还提出建立限额与交易体系，鼓励二氧化碳回收储存技术开发等多项具体的低碳政策措施。

在竞选美国总统期间，奥巴马已经重点强调了其所秉持的美国绿色战略，即到2050年美国将降低温室气体排放达到80%，未来将建立一个总额约为1500亿美元的“清洁能源研发基金”，并提出通过此战略可以为美国人民提供500万个所谓的“绿领”岗位。同时，到2012年，将美国低碳能源比例提高到10%，而到2025年则希望能够提高到25%，从而实现能源结构的合理调整。奥巴马当选美国总统后，提出了“绿色经济复兴计划”，希望尽快确立美国在低碳经济发展中的国际领先地位，实现清洁能源的大量出口①。

（二）美国低碳技术创新概况

1. 发电技术

整体煤气化联合循环（Integrated Gasification Combined Cycle，简称IGCC）技术的内涵是通过把高碳能源如煤炭、石油等多种高碳的原料进行气化，接着将气体进行合成和净化，然后用于发电，此项技术不仅提高了清洁度和发电效率，同时各种原料在气化以后能够更加容易地将有害物质进行过滤。美国于1972年开始研究IGCC技术，与其他煤转电技术相比，该技术可节省40%的水。美国已有7个大规模的煤炭气化项目在运营中。美国加州1984年建成的Cool Water整体煤气化联合循环电站是世界上首座IGCC电站，它向世界成功地展示了IGCC技术的可行性。其后，美国建造多座IGCC电站，如Wabash River，Tampa，Pinon Pine等。因此，美国一直占据全球IGCC电站发电的首位，到2007年，美国已经占到了全球IGCC电站发电量（25.5GW）的59%。美国当前也正在研

① 《欧委会全面部署智能电网技术的应用》，中国电力网，http://www.chinapower.com.cn/newsarticle/1148/new1148290.asp，2012-10-30。

究如何将煤炭气化成为含有大量氢气和二氧化碳的气体，从而能够将氢气分离出来，用于发电和其他方面的使用。分离出来二氧化碳和氧化氮则用于生产肥料，形成循环经济发展，剩下的二氧化碳则进行地下封存，减少环境污染。进一步，美国计划继续提高其电站的发电效率，降低 IGCC 和 IGFC（整体煤气化燃料电池）的技术成本。

联合循环天然气发电厂。此类发电站以天然气为能源，采用组合循环涡轮机发电技术，获得了比常规煤炭发电更高的发电效率，并且几乎可以达到温室气体的零排放，因此，广受重视，其发电比例已经占到了 22% 以上。据美国能源信息署（EIA）估计，2020 年天然气发电比例将升至 27%，2040 年达到 30%。

2. 低碳能源技术

燃料电池。燃料电池利用氢、氧或天然气等燃料进行电化学反应来产生电力，由于其副产品不会产生二氧化碳气体而受到关注。但是，由于要以钛等极为昂贵的金属和稀土为原材料，所以成本非常高，并且生产出来的产品在使用寿命方面也达不到时间方面的要求，因此仍然需要进一步的技术突破。2010 年有一家位于美国硅谷的名为 Bloom 的公司声称开发出了寿命能够达到 10 年的燃料电池，可以为服务器供应廉价而无污染的动力，因此，受到许多大型公司的关注和测试。此外，另一种被称为质子交换膜燃料电池（Proton Exchange Membrane Fuel Cell，简称 PEMFC）的能源是未来行业研发重点。

纤维素生物质和生物燃料。主要是利用农作物及其废物、粪便来进行发电。其中，利用纤维素生物质更为高效，因为其不会在收割和运输过程中出现二氧化碳的排放。在这一技术方面，美国从 1979 年就已经开始这些生物材料生产生物质燃料来进行发电，当年装机容量就已经达到 10 吉瓦以上，当前，美国生物质发电站建设数量已经超过了 350 座，围绕纸浆等纸制品加工厂进行分布，到 2010 年，又新增装机容量为 11 吉瓦，未来计划有 400 万英亩的纤维素生物质生产基地提供原料。一项由斯坦福大学、卡内基科学研究所和加州大学默塞德分校合作进行的研究表明，利用纤维素生物质发电的效率比首先将农作物转化为燃料进行发电的效率要高 80%。

氢能源。能源专家认为，煤炭气化技术的不断完善将会拉开“氢能源”和“氢经济”序幕，氢能源前景无限，美国在 2007 年到 2010 年共投资 17 亿美元，用于克服在发展氢能、燃料电池和先进汽车技术过程中遇到的若干重大技术和经济困难。

3. 其他低碳技术

碳捕集与封存。当前美国1100多家火力发电厂大多采用一种燃后处理技术来进行二氧化碳的捕捉，从而减少排放。这种技术具体可以分为有机氨技术和氨水吸收技术。这种技术的主要缺陷是效率仍然不够，二氧化碳捕集率为90%。其次，能源消耗也比较高。虽然，第二种技术可以吸收二氧化碳成为一种小氮肥，从而能够二次用于农业施肥，但应用门槛较高，因此，应用范围受到了极大的约束。近年来，以全球碳捕捉与封存研究院（Global Carbon Capture and Storage Institute）为首，许多研究机构和国家都加大了对CCS技术的研发和产业化的支持，希望凭借这一技术有效地抑制和逆转全球变暖的趋势。该组织成功地在2010年举行了第一次国际会议，在有钢铁城市之称的匹兹堡吸引了众多研究人员参与了实现二氧化碳最佳捕捉技术的讨论，对CCS技术的发展起到了重要作用。

三、日本低碳技术研发与创新

（一）日本低碳技术创新导向

日本是资源贫乏的国家，许多重要的资源依赖进口，然而日本却依然成为世界经济和能源消费大国。从资源来看，据国际能源署（IEA）统计，2008年日本能源自给率仅为17.7%，铁矿石、铝矾土和磷矿石100%靠进口，石油、煤炭、天然气的进口率则分别达到99.7%、97.7%和96.6%，另外如核电的主要原料铀、尖端产品必需的稀有金属等也基本依赖进口。在经历几次石油危机和工业污染带来的恶劣影响后，日本一直非常注重节能和环境保护，经过几十年的努力，日本如今已经是世界能效比最高的国家，节能技术处于世界领先水平。根据原子能机构2005年的统计，若日本生产一个单位产品的能耗为1.0，则德国为1.6，法国为1.8，美国为2.0，韩国为3.2，中国为8.4，印度为9.3，俄罗斯则高达19.0。2004年，日本GDP占世界的11%，但二氧化碳的排放仅为4.7%。全世界运行的4000台脱硫装置中，仅日本就拥有3200台，因此，日本平均每发1千瓦时电所排放的二氧化硫仅为0.2克，而德国为0.7克，美国为3.7克，发展中国家则难望其项背。这样的结果与日本低碳技术创新政策及其相关政策的制定和实施紧密相关。当前，面对环境问题，以及核事故的担忧，使得日本政府为了减少温室气体排放而制定的各项应对措施更加难以实施，也对以煤炭资源为基础的能源技术提出了更高的要求。为了满足日益增长的社会能源消费需求，应对核能源发展的压力，日本进一步对煤炭利用和节能减排技术进行大量投入，并设立多项国家级研究项目，如 COURSE50（钢铁生产二氧化碳减排技术）、高炉炼铁效率提升技术以及其他一些相关项目，都与减排有关，并且都被确立为当前国家级项目的基础。

1.COURSE 50 项目

“COURSE 50”是日本政府“给地球降温创新技术”（2008 年起草）的项目之一。项目由日本六家公司合作进行共同研发，包括日本钢铁、工程等。项目第一阶段的初步研发工作于 2012 年结束，同年正式开启第二步实证研发工作，即采用试验高炉进行初期研发成果的验证试验，并对技术先进性和可行性进行反馈和探讨。此项目工艺主要由两部分组成：一是富氢气体高炉内还原技术，以化学反应重整、焦炭性能提升等技术为基础；二是高炉废气二氧化碳捕获技术，以二氧化碳的效率捕捉和吸收为主要目的。最终，期望能够更好地对钢铁厂余热进行充分利用。特别针对 CCS 这一抑制炼铁过程中二氧化碳排放的最后关键步骤。实现从高炉煤气中稳定地回收及储存二氧化碳，从而能够大幅减少排放量。

2. 高炉炉料的研发创新项目

从技术效能来看，当前要对高炉炼铁的能耗效率进一步提高，起到节能的目的，只有从炉料入手，提高其燃烧性能来达到目的。当前有两种方式可供选择，其一是通过将矿材与碳之间的反应速度进行加速，可以减少矿焦层的产生；另一种是加工炉料，将原始炉料加工为铁焦或一种矿碳的复合物，可以提高其性能。当前，一个名为“使用低价铁矿和煤的创新型炼铁工艺”研发项目处于运作当中，其目标是开发出“将碳材与分散的金属铁颗粒（铁焦）压成复合团块”的一种生产工艺，从而提高燃烧时的性能。

3. 低碳烧结研究项目

由于石油、煤炭等资源价格近年来持续上涨，价格已是 10 年前的若干倍。同时，铁矿价格也发生了类似的涨幅。因此，日本政府也将一部分精力投入在对铁矿的研究上，与其他国家开展进行低碳烧结项目研究。

在海运费用上涨的进逼下，澳大利亚的铁矿资源地位逐年上升，越来越受到亚洲各国的青睐。因此，研究主要对象是澳大利亚进口铁矿。目前，从澳大利亚进口的铁矿主要有：低磷布鲁克曼矿、豆矿和马拉曼巴矿等针铁矿。其中豆矿和马拉曼巴矿等针铁矿结晶水含量高，因此进口量逐年增加。但高磷布鲁克曼矿储量丰富，因此拥有价格成本优势。

在这些低碳烧结项目中，有一项被称为“低碳烧结技术原理”的合作项目，以寻求最终减少铁矿烧结过程中二氧化碳排放的原理。主要研究项目有：①提高造块剂的反应效率；②实用技术研究，包括用 DEM 模拟原料装料过程和用 DEM 模拟烧结料层的结构变化；③基于上述结果的创新工艺。

（二）日本低碳技术创新概况

日本环境省“全球环境研究基金”在 2004 年 4 月就提出了“面向 2050 年的日本低碳社会情景”研究计划。计划由来自大学、研究机构、公司等部门的约 60 名研究人员组成项目组，分为五个研究团队，从发展情景、长期目标、城市结构、信息通信技术、交通运输等课题，与相关日本大学和技术研究机构合作，共同分析探讨日本未来 50 年的低碳社会发展的情景和路线图，最终给出了在技术创新、制度变革和生活方式转变等方面的具体对策。基于项目研究成果，日本政府制定了低碳技术创新政策及相关战略政策。

2004 年 5 月，日本政府发布了新的产业战略，将燃料电池等七个领域列为未来的低碳技术研发重点。日本政府还专门给出预算，加强对相关产业的扶持力度，并寄望于这些行业能够在技术革新的情况下刺激潜在需求，加大设备投资以及个人的消费。据日本调查公司——富士经济 11 月 17 日公布的市场调查报告显示，在汽车需求不断增大的背景下，2010 年全球燃料电池的市场规模已达到 350 亿日元（约合 28.84 亿元人民币）。该机构预计，到 2025 年全球燃料电池的市场规模将大幅增至 4.7439 万亿日元（约合 3908.97 亿元人民币），约为 2010 年的 135 倍。

2006 年 5 月，日本经济产业省编制并发布以保障日本能源安全为核心内容的《新国家能源战略》，在分析总结世界能源供需状况基础之上，从建立世界上最先进的能源供求结构、强化资源外交及能源、环境国际合作、充实能源紧急应对措施等方面，提出了今后 25 年日本的能源八大战略及有关配套政策措施等，通过实施能源八大战略减少对石油的依赖，力争到 2030 年，实现石油占一次能源消费的比率从当时的 50% 降到 40% 以下，包括节能先进基准计划、未来运输用能源开发计划、新能源创新计划、核能立国计划、能源资源综合确保战略、亚洲能源环境合作战略、强化国家能源应急战略、引导未来能源技术战略。

2008 年 3 月，日本经济产业省根据三大标准选择了 21 项未来重点发展的创新技术，涉及电力能源领域、交通运输领域、民用领域、产业领域和跨部门横向技术领域，包括：二氧化碳回收储存技术（CCS）、高效率煤炭火力发电技术、高效率天然气火力发电技术、革新型太阳能发电技术、超导高效率送电技术、先进型核电技术、燃料电池汽车技术、生物质运输用代替燃料制造技术、智慧交通系统、插电式混合动力汽车技术、超高效率热泵技术、节能型信息技术及其系统、节能型住宅与办公楼、安置用燃料电池技术、新一代高效照明技术、住宅办公楼能源管理系统、革新型材料制造加工技术、革新型炼铁工艺、高性能电力储藏技术及功率电子技术、电力变换与控制、氢的制造运输与储藏技术等。

2008 年 5 月 19 日，日本综合科学技术会议通过“环境能源技术创新计划”，描绘中长期技术创新路线图。虽然改良现有技术短期内仍是削减温室效应气体的主要技术手段，但要达到大幅度减排目标，中长期的技术创新必不可少。该计划筛选出包括超导输电、热泵、快中子增殖反应堆循环技术、高能效船只、智能运输系统等多项技术。11 月日本产经省、文部科学省、国土交通省、环境省提出“为扩大利用太阳能发电的行动计划”，结合《低碳社会行动计划》中提出的太阳能发展目标及规划，以太阳能发电事业规模的扩大为目标，具体提出面向企业领域、家庭、公共设施领域、教育机构等的发展规划。2009 年 4 月，日本《绿色经济与社会变革》草案，提出日本 2020 年环境领域的市场规模将会从 2006 年的 70 万亿日元增加到 120 万亿日元。日本在清洁能源方面是强调核电与太阳能的作用。在消费环节，采用能效标识制度。商品的能效标识上记录有能效等级、能源消耗量等信息。

2009 年 3 月 27 日，日本国会通过的 2009 年预算案中，涉及多项鼓励低碳产业发展的财税政策，包括促进中小企业低碳转型的 2400 亿日元的减税，环保车 2100 亿日元的减免税，节能环保投资减税 1900 亿日元。

2009 年 4 月 9 日，日本政府正式提出一项总额达 1540 亿美元，用于推广太阳能发电、电动汽车及节能电器应用的经济刺激计划，其中包括一项有关太阳能的环境保护项目计划总支出达 160 亿美元。计划在 2020 年左右完成太阳能发电量提高 20 倍，发电成本减半的目标；在 3—5 年内降低太阳能设备价格 50%；大量普及电动汽车和混合动力车，在 2020 年电动汽车的比例提高到 50%，并试图借此项计划的实施来提振企业绩效，刺激经济发展。2009 年 6 月，日本新能源产业技术综合开发机构发布了《光伏发电路线图 2030（修订版）》，将太阳能产业作为未来技术发展重点。11 月已经开始推行家庭、学校等太阳能发电剩余电力收购的新制度。

四、其他国家低碳技术引进与创新

（一）印度

近几年，印度采取的减排措施已初见成效[①]。据统计，印度人均排放量为1.2，而美国是19.1，澳大利亚是18.7，加拿大是17.4。而在全球二氧化碳排放中的份额，印度居第17位。过去20年，印度的GDP平均增长率保持在8%以上，但能源消费增长率却只有4%，因此，其单位GDP能耗达到了几乎减半的效果，从而从0.3下降到了0.16，与德国水平接近。

印度环境部长拉梅什在2010年4月10日的博鳌亚洲论坛“低碳能源：亚洲领先世界的机遇”分论坛上表示，低碳增长的关键是在于技术，低碳技术的大规模普及才能满足需求。对于人口基数巨大的印度来说，在相当长的一段时期内，煤炭仍然会是最主要的能源来源，同时，这一点对许多国家包括发达国家同样重要，因此，煤炭方面的技术突破将对减少温室气体排放起重要作用。与此同时，要进一步发挥太阳能、风能、生物质能可再生能源的作用。其次，不能忽视核能带来的巨大潜能。包括在发达国家、发展中国家都是如此。第三，无论何种能源，高碳的还是低碳的，关键还是在于是否拥有先进的技术，以及这些技术的成本是否有利于开展规模应用。

在清洁发展机制（Clean Development Mechanism，CDM）方面，印度保持了一定的先进性。印度政府一直对CDM持有积极态度，并且专门建立了一整套管理机构，并且相继出台了一系列鼓励CDM发展的政策。据估计，印度目前总共有约220家科研机构在进行CDM研究，如喜马拉雅山的冰川融化以及因此造成的对气候的影响问题、检测气体等五项相互独立的研究项目。因此，印度在近期还被评为清洁发展机制发展得比较突出的国家，拥有目前全世界最多的登记注册项目。2009年的数据显示，在《联合国气候变化框架公约》的执行理事会注册的CDM项目全世界总共有1850个，而其中仅印度就注册了460个，从而占到了全部的24.86%。

印度的CDM项目开展的分布十分之广泛，几乎遍布了印度的各个邦以及若

① European Commission, A European Strategic Energy Technology Plan(SET-PLAN)—“Towards a low carbon future”,COM（2007）723 final, Brussels,22/11/2007.

干重要城市。但同时，根据其资源的分布特点，也表现出了相对集中的态势。数据表明印度全国有 26 个邦和城市已经在进行 CDM 项目，并且这些项目目前都已经由印度政府审批通过，并且已经提交到了《联合国气候变化框架公约》理事会进行审批。

从技术角度看，印度当前 CDM 项目主要涉及生物质能和风力发电。统计数据表明，生物质能类型的 CDM 项目所占全部注册 CDM 项目的比例为 30%。到 2009 年为止，已经有 136 个为生物质能项目，估计可以实现每年 35235 吨的二氧化碳减排。而在风力发电方面，印度由于拥有漫长的海岸线，因此蕴藏着大量的风力资源可供开发使用，虽然从 1983 年开始就已经开始了风力发电项目的建设，然而当前印度仅仅开发了占总体资源约 4% 的风能，因此发展空间依然巨大。

目前印度温室气体排放总量为世界第四。印度的高级别环境顾问委员会再次于 2008 年提出了“应对气候变化全国行动计划”。该项计划包括了太阳能技术、风能技术、核能和生物质能技术、提高水资源效率，可持续的喜马拉雅山生态系统、可持续农业、绿色印度项目、植树造林、气候变化研究等涉及八个领域的减排政策措施。印度自 2010 年以来，已经出台了更多减排标准法律法规，如能源效率标准和节能建筑法等。

（二）巴西

巴西是“金砖四国”之一，此外也是应对气候变化的所谓“基础四国”的成员。最近几年来，巴西政府下大力气普及环保意识、推动使用清洁能源，并大力支持低碳产业发展，并且收效明显。巴西人民生活逐渐越来越“绿色”。巴西将低碳技术发展的重点放在生物燃料和风能两个方面。

巴西的生物燃料资源应用十分广泛，在全球范围内享有盛誉，这归功于其目前处于世界领先地位的生物燃料技术。据统计，巴西全国可以提供乙醇燃料的加油站数量已经达到了 3.5 万个。而另外根据联合国发布的一份报告可知，当前巴西约 46% 的燃料为乙醇等可再生能源，可再生能源应用率高于全球 13% 的平均水平。因此，巴西在 2008 年就已经成功减少了温室气体排放达到 2580 万吨。巴西政府从 20 世纪 70 年代开始，就已经充分意识到绿色能源的重要性，通过补贴、设置配额、统购乙醇燃料以及运用价格和行政干预等手段，大力鼓励民众使用乙醇燃料。

随着各国对乙醇燃料的逐渐重视和逐步扩大的市场需求，巴西政府因此出台了一项长期的促进乙醇燃料生产发展的计划，计划到2013年其乙醇燃料的年产量应该达到350亿升，其中大约100亿升将可以实现对外出口，从而帮助巴西成为世界最大的乙醇燃料出口国。统计显示，巴西燃料乙醇的日产量在2001年为3000万升，而到2005年已经达到了4500万升，40%以上的巴西国内汽车都用上了乙醇燃料。不久的将来，巴西政府准备采用蔗糖生产乙醇这一方法来提高产量和降低成本。这一方法被认为是世界上当前最为便宜的制造乙醇燃料的方法。巴西计划通过新建约40家到50家大型乙醇燃料加工厂，以更大面积的甘蔗种植来保证原料的供应，争取将燃料加工能力提高到5亿吨。

同时，巴西也在努力推广生物柴油技术。巴西政府组织了其下14个部门，共同组成了一个专门负责有关生物柴油的生产与推广的委员会，主要工作内容是相关政策与措施的研究和制定。巴西政府在2004年发布了若干生物柴油使用方面的法令，其中规定从2008年开始，在巴西国内销售的柴油中，必须添加2%的生物柴油，否则将面临惩罚，并且这一添加比例还会逐步提高，到2013年达到5%。

目前，巴西总共27个州当中已经有23个建立了应用于生物柴油技术开发的网络，并且巴西政府还通过制定一系列的金融政策来支撑其低碳技术的研发。例如巴西国家经济社会开发银行开发了各种信贷政策，为巴西生物柴油企业提供优惠而便利的融资渠道。巴西的中央银行专门成立了专项信贷基金，鼓励农民采用小农庄方式种植甘蔗、向日葵、大豆、油棕榈等作物，用以满足生物柴油生产所需。同时，为了进一步加速生物柴油技术的研发创新，巴西社会发展银行向这一技术的研发厂家提供约90%的项目资金融资。另外，通过加强家庭农业计划，对种植生物柴油原料的农户提供融资贷款；在部分地区的加油站供应蓖麻、棕榈油等炼制的生物柴油①。

巴西总统卢拉在2008年4月份宣布，为加强巴西农业的竞争力，将在今后两年增加大约5.65亿美元资金用于农业科研，主要用于推动乙醇燃料以及生物柴油的研发生产和市场应用。2008年，巴西政府科技部的技术开发和创新秘书处，会同其国家科技发展委员会，共同发布五项旨在加强其国内企业生物柴油技术研发和产业转化的法令，从而支持其生物柴油项目的实施。到2009年，巴西科技部总共投入了约4000万雷亚尔在生物柴油研发项目上，例如巴西农牧业科学研究院的“人工种植松子提炼生物柴油项目”、“巴西棕榈树基因改善”以及“再酯化和酯化生物柴油提炼”等。

---

① 冯建中:《欧盟能源战略：走向低碳经济》，时事出版社2010年版。

在生物能源之外，巴西政府又将低碳技术的研发目标投注在了风能技术上。资料表明巴西土地上潜在的风能资源可能有约 250 兆瓦，其中较多集中于东北部地区、南部沿海地区，以及在贝洛奥里藏特、里约热内卢和圣保罗三座大型城市的西北部。此外，巴西政府还主要利用立法，如 Proinfa（可替代资源发电项目鼓励计划），出台了许多有利于风电发展和管理的政策法令，以及对于其国产化的要求。此计划目的是吸引那些向国家电网供电的独立发电商的参与。该计划通过固定电价合同强制购买了直到2006年的共计达到3300兆瓦的可再生能源电力，同时，在风电、生物质能和小水电方面都进行了细分。从 2005 年开始，巴西要求风电场设备和服务总投资的 60% 都必须在巴西国内提供商那里采购，也只有保证能够达到这些要求的公司，才可能有资格参与投标。而在 2007 年后，这个百分比增加到了 90%。

（三）韩国

韩国政府在 2008 年正式确立“低碳绿色增长”为国家战略，由此可见其对低碳技术和低碳经济前景的重视。与此同时，韩国出台了《低碳绿色增长国家战略》这一重要政策，从长远角度确定了从 2009 年到 2050 年韩国所要达到的低碳绿色增长的目标。重点强调要大力促进低碳技术的研发和创新，增强未来应对气候变化的能力，以及提升能源自给率和能源利用效率，最终达到整体促进韩国的绿色竞争力。

韩国这项政策的主要内容和措施包括以下几个方面。

首先，目标是减少对高碳能源的依赖。2008 年 8 月《国家能源基本计划》确立了对资源循环利用率和能源自主率的要求。其中资源循环利用率要从 1995 年的 5.5% 提高到 2012 年的 16.9%。而能源自主供给率则从 2007 年的 3% 提高到 2012 年的 14%。到 2050 年，要求能基本达到能源自主供给率超过 50% 的目标。与此同时，能源消费中的高碳能源，如煤炭和石油的比重，要从当前 83% 下降到 61%，并将风能、太阳能、地热等新能源与再生能源应用的比重从 2006 年的 2% 提升到 2030 年的 11%，到 2050 年争取可以达到 20% 以上。

其次，手段是促进低碳技术研发创新。在 2009 年初，韩国政府出台了《新增动力前景及发展战略》，此政策重点列示了 17 项新增长动力产业。其中包括了新能源和再生能源、高科技绿色城市、绿色运输系统、低碳能源、发光二极管应用、污水处理等低碳技术的研发。

第三是发展低碳产业。韩国政府寄望于再生能源产业的发展，能够创造出比制造业更加多的就业岗位，可能达到2—3倍。其中，太阳能产业和风力发电业应容纳八倍于普通产业的就业人口。因此，太阳能技术和风能技术研发是韩国政府的新能源产业战略的核心，将优先发展太阳能电池技术、风能技术、IGCC（煤气化联合循环发电技术）和氢燃料电池技术。

太阳能能源技术被韩国政府列为新能源技术研发的首位。从专利申请数量统计结果来看，太阳能专利技术数量居其国内新能源领域首位。但是，尽管近年来发展势头强劲，但与国际相比差距仍然非常巨大。如2008年，韩国太阳能发电产业总体电量产出为567兆瓦，2009年产出为900兆瓦。而根据欧洲光伏产业协会（EPIA）统计，韩国太阳能电量产出到2010年底，达到300兆瓦左右，2013年，达到1300兆瓦左右。

韩国政府实施了资金和技术等方面的一系列倾斜性政策来促进太阳能发电技术与产业迅速发展。太阳能产业发展的关键是核心技术和政策支持，因此，发展新型太阳能电池以及太阳能设备的核心零部件是韩国新的重点。韩国将投入共计20万亿韩币用于太阳能产业。具体是从2008年开始，通过每年一次100亿韩元的款项拨付，扶持针对太阳能技术的战略性项目，但将期限限定在五年，寄望于这样的重点投入能帮助核心技术得到早日突破和产业运用。在政府政策的大力支持下，韩国许多大企业都积极进入太阳能产业。其中20多家大型的相关企业和集团都加入进来，其中包括著名的三星集团、LG集团、现代重工等。三星集团计划连续五年总共拿出60亿美元来完善其光伏产业链，使得相关产量能够达到千兆瓦级别。而LG集团早在2005年就已经在太阳能电站的建设方面拥有技术和经验的优势，当前，已经在韩国八个地区投资落成了太阳能发电站共18所，并建立了生产多晶硅、膜片、太阳能电池、电站建设及运营的多个分公司。LG集团2009年斥资1100亿韩元，在忠清南道泰安建成了一个发电容量为14兆瓦的太阳能发电站，该电站是当前韩国最大的太阳能发电站。2010年，LG又在全罗南道新安郡投资840亿韩元建设10兆瓦的太阳能发电站，如此其销售收入会达到102亿韩元。现代重工公司则在太阳能发电机的组件生产方面保持领先，并成功在庆尚南道蔚山建造了一个30兆瓦级别的组件工厂，并且已经与西班牙政府签署了一个总金额达到6000万美元的组件出口合同，这也足以说明现代重工的组件生产水平已得到部分发达国家的认可。韩国OCI公司则在原材料领域保持领先地位，从而成为太阳能发电设备的大型关键原材料供应商。

韩国风力发电技术目前相对比较落后。但韩国政府从2010年以来，早已大大加强了对风能发电产业的政府扶持力度，并将风能产业列为核心发展产业，主要进行大型海上风力发电设备的开发，计划到2015年投资10万亿韩元。韩国知识经济部于2010年底发布了一份《海上风力促进计划书》，旨在保证政府逐步投入资金总计为9.3万亿韩元，直到2019年，并且与现代重工公司、大宇海事工程等签订了建设合同，计划共同建造约500台风力涡轮发电机，从而打造出一个拥有2500兆瓦发电能力的海上风力发电基地。

在所有韩国新能源技术专利中，新能源汽车技术申请数量仅次于太阳能。由此可以表明，韩国政府和企业对于新能源汽车技术的注重。韩国政府从法律、税收、资金等多方面对新能源汽车技术的开发进行大力扶持，并计划投入约1500亿韩元，并积极动员民间资本约5500亿到7200亿韩元投入汽车能效提高的技术研发当中，目标是确保韩国产出的汽车的平均能源消耗比率达到每年提高5%的水平。

在氢燃料电池汽车技术研究和创新方面，由于其更高的研发难度，但也更加明显的环保效果和巨大的市场潜力，因此受到韩国政府和企业的重视。由于现代起亚集团在氢燃料电池技术方面拥有着雄厚的实力，因此，韩国氢燃料电池车技术的研发主要以现代汽车公司为中心，周边聚集有120多家相关企业，联合进行技术研发和产品制造，目前，其研发水平已经保持与其他发达国家持平。根据韩国政府预期，这种新型动力汽车到2030年，其产量将能够达到100万辆，市场潜力将超过16.8万亿韩元。到2014年韩国已经累计投入4000亿韩元对韩国相关企业的相关核心技术和零部件的研发和创新进行支撑。目标是尽量提前电动汽车的量产时间点，并且在2020年将其国内约10%以上的小型汽车转换为电力驱动。尽管目前来看，韩国的纯电动汽车还没有实现量产，同时，其整车的生产同发达国家也还有着不小的差距。但其制定的“到2012年底，要产出2500辆电动汽车，并且向政府机关等公共机构提供使用，从2013年开始向普通消费者出售电动汽车”的目标已经达到。

第四章　减碳技术

工业革命以来，人类对能源的消耗不断增加，温室气体排放不断增长，气候变化问题不断加剧，威胁人类长期生存和发展。在人类没有找到经济、稳定、有效的大规模替代能源之前，仍将依赖化石能源体系。创新减碳技术，是当前减缓全球气候变化成本最小、收益最大的选择。

一、减碳技术内涵与分类

（一）减碳技术内涵

碳排放是温室气体排放的总称或简称。温室气体包括，二氧化碳、甲烷、氧化亚氮、氢氟氮化物、全氟化碳、六氟化硫及其他（其主要成分比例详见表4—1）。由于温室气体中最主要的成分是二氧化碳，所以用碳（Carbon）一词作为代表。

减碳技术，从广义上讲是指所有能降低人类活动碳排放的技术。从狭义上讲这是指涉及电力、交通、建筑、冶金、化工、石化等部门开发的有效控制温室气体排放的新技术。减碳技术实际上是一种过程控制的低碳技术，指在生产消费和使用的过程中减少碳的排放，达到高效能、低污染、低排放。例如煤炭，如果不完全燃烧不仅严重污染空气同时也会排放出大量的二氧化碳气体。可以利用相应的技术清洁煤炭，这包含了煤炭开采过程中的清洁、运输过程当中的清洁、使用过程中的清洁。这种清洁化的技术也是减碳的。凡是像有利于碳的减少这样的一个技术，都是一个减碳的技术。

表 4—1　温室气体的主要成分（资料来源：碳汇管理办公室）

种类	增温效应（%）	生命期（年）	100 年全球增温潜势（GWP）
二氧化碳	63	50—200	1
甲烷	15	12—17	23
氧化亚氮	4	120	296
氢氟氮化物	11	13	1200
全氟化碳		50000	—
六氟化硫及其他	7	3200	22200

从物理学原理上来看，减碳是指减少石油中像十六烷等含碳成分较高的成分，在经过一系列的反应过程后，最终转换成为像乙烷、辛烷等含碳量较低的物质。在燃烧的过程中，含碳较高的物质在燃烧的过程中会产生大量的黑烟并且也较难完全燃烧，属于高污染低效率的范畴。为了减少对环境的污染，提高能源的利用率，必须将其转化为高效率、低排放低碳物质。这一转化的过程通常运用的是石油的裂化和裂解。

减碳技术具有原材料利用率高，废弃物产生量少的特点。生产的设计者和经营者都希望原材料能够 100% 得到利用，但是由于原材料的纯度不能达到 100% 开采和生产技术等多方面的限制，其利用率也不可能达到 100%，即使对使用纯料的机械加工行业而言，也总会剩余一些边角废料。借助于减碳技术提高其利用率减少污染物的排放，国内外在煤炭开采和燃烧过程中使用减碳技术大大提高了煤炭的充分燃烧率，并减少了大量二氧化碳的排放。

减碳技术具有生产成本增高的特点。在高耗能、高排放的行业，要实现减碳生产，一般需要在原有的反应装置上额外附加生产设备。例如将 CCS 技术与整体煤气化联合循环系统（IGCC）联合使用，在大量减少了二氧化碳排放的同时，联合系统的能量损耗也会多出 10%—20%。这样就会大大增加原来的生产成本，这也是很多企业不愿采用先进的节能减排技术的最主要的一个原因。

减碳技术具有自动化程度高的特点。减碳技术相较于其他生产技术自动化程度较高。通常要达到以最少原材料来得到最大的利润，废物排放量少的目标，都是能够在选择最优的生产工艺条件下提高自动化操作程度。

（二）减碳技术分类

下面从节能减排和清洁生产两个方面介绍减碳技术。

1. 减少能耗的技术

《中华人民共和国节约能源法》中规定，所谓节约能源，即从资源的生产成型，再到消费的每个环节当中，尽一切可能采取合理措施，来降低对环境造成的污染，提高能源的利用率。随着节能减排范围的扩展，像温室气体、氮氧化物及废渣等也逐渐被纳入节能减排范畴。但由于温室气体中的二氧化碳造成的全球气候问题最为严重，但本文研究中所指节能减排，主要关注二氧化碳减排。

2. 节约资源的技术

通过提高资源的利用率，开发可再生能源替代短缺的不可再生能源，以及节约能源、降低能量损耗、充分合理利用自然资源，以此来减缓资源危机。

3. 降低排放的技术

减少废气、废水和污染物的排放，使工业的生产、能耗过程与环境协调可持续发展，降低人类的生产活动对人类自身和环境造成危害的风险。

尽管可以将减碳技术分为三类，但是实际运用上减碳是通过综合运用技术实现的，涉及的工艺过程比较广泛，主要包含了以下几个方面的内容。

（1）将高污染、高排放的原材料利用低排放、低污染的材料所替代，同时使原材料在提炼、运输的过程中达到洁净，减少污染物的排放。

（2）更改原有陈旧的工艺流程，尽量选择无废、少废的新型工艺路线，减少整个工艺过程的排污。

（3）技术设备的更替革新（含自动化），采用高效设备，降低原材料在使用的过程物耗减少排污。

（4）采用相关的综合利用技术，如可以同时使用两种或两种以上的技术提高资源利用率和废物回收率，减少有害物质的排放。

（5）改良产品设计，杜绝产品在消费的过程中对人类的健康和自然环境产生危害。

二、减碳技术重点创新领域

高耗能行业主要包括石油加工炼焦及核燃料加工业、化学原料及化学制品制造业、非金属矿物制品业、电力行业、黑色金属制造业以及有色金属行业六大部门。这些部门亟须加大节能资金投入、加快节能技术改造和推广先进节能技术，通过技术改造能大幅度降低温室气体的排放。

以我国为例，“十一五”期间，我国六大高耗能、高污染、高排放行业累计节能近 4 亿吨标准煤，节能贡献超过 60%。其中，电力和生产行业节能 8000 多万吨标准煤，金属冶炼节能 7000 多万吨标准煤，化工制造业和非金属矿物制品业累计节能均超过 1 亿吨标准煤。

从六大减排行业看，减碳技术创新的关键领域主要包括：煤炭的清洁高效利用、工业与建筑节能、油气资源清洁资源、煤气层的勘探开发技术、智能电网技术。以下主要介绍了这三个领域重点减碳技术的创新。

（一）煤的清洁高效利用

煤炭的气液化、高效率燃烧的发电技术都是属于科技含量较高的洁净煤技术。该技术是世界范围内竞争较激烈的一个领域，主要目标是提高煤炭利用率和减少二氧化碳等污染物的排放，也是现阶段各国用于解决环境污染问题的主要技术之一。当前的煤炭清洁化技术的研究与发展主要向液化、气化以及燃烧三个方面发展。而全球最先进的清洁煤技术，对应这三个技术角度，主要有超（超）临界微粉碳火力发电、整体煤气化联合循环发电技术以及煤炭气、液化技术等。

1. 超超临界燃煤发电技术

超临界燃煤电厂在高温运作时，其主要采用先进的蒸汽循环以达到更高的热效率和更少的污染气体的排放。现阶段临界燃煤发电技术主要达到了三个阶段：亚临界、超临界、超超临界。

燃煤发电是利用产生高温高压的水蒸气来推动汽轮机的发电，发电的效率越高则所需要的温度和压力就越高。在水的临界参数条件下水蒸气的密度会增大到与液态水一样，一般要达到 374.15℃、22.115 兆帕压力。如果比这个参数还高就叫超临界参数。如果温度和气压上升到 600℃、25 兆帕—28 兆帕这样的范围，就已经进入超超临界的“境界”。

根据相关热力循环研究表明，在超超临界机组参数范围内，主蒸汽压力提高 1 兆帕，机组的热耗率就可下降 0.13%—0.15%；主蒸汽温度每提高 10℃，机组的热耗率就可下降 0.25%—0.30%；再热蒸汽温度每提高 10℃，机组的热耗率就可下降 0.15%—0.20%。在一定的范围内，如果采用二次再热，则其热耗率可较采用一次再热的机组下降 1.4%—1.6%。这表明超超临界机组蒸汽参数愈高，热效率也随之提高。

表 4—2　三种临界机组的主要参数

三种临界机组的主要参数	主蒸汽压力	蒸汽温度	发电效率
亚临界机组	16.7 兆帕	538℃—550℃	38%
超临界机组	24.1 兆帕	538℃—560℃	41%
超超临界机组	25—31 兆帕	580℃—610℃	45%

从上表中可以看出超临界机组的效率要比亚临界机组高出大概 3%，而超超临界机组的热效率比超临界机组高 4% 左右，其发电效率也是三者当中效率最高的一组。超超临界机组的热机动性、效率、稳定性、寿命等方面都已经能和市场上运用较成熟亚临界机组相比拟了。相比其余几种洁净煤发电技术而言，超超临界机组技术具有良好的继承性，也比较容易实现大型化生产，在市场中已经有了较多的成功运行的经验。

2. 煤的气化技术

煤的气化技术主要是指，煤炭在常压或加压的条件下，并保持一定的温度，与一些气化剂（如空气、氧气和蒸气）发生反应生成煤气（主要成分是一氧化碳、氢气、甲烷等可燃气体）。该技术通常包括常压气化和加压气化两种。在气化的过程中采用氧气做气化剂所产生的煤气热值要比用空气和蒸气做气化剂的煤气热值高很多。在气化的过程中可以实现煤炭的脱硫脱碳，提高煤炭的利用率并减少二氧化碳等气体的排放。

国内外先进煤气化技术比较

（1）常压固定床间歇式无烟煤（或焦炭）气化技术

其主要特点是采用常压固定床蒸气和空气间歇性制气，原料标准为 25mm—75mm 的块状焦炭或无烟煤，是目前我国氮肥产业主要采用的煤气化技术之一。但是其整体的效率不高，能量损耗与环境污染问题也亟待解决。

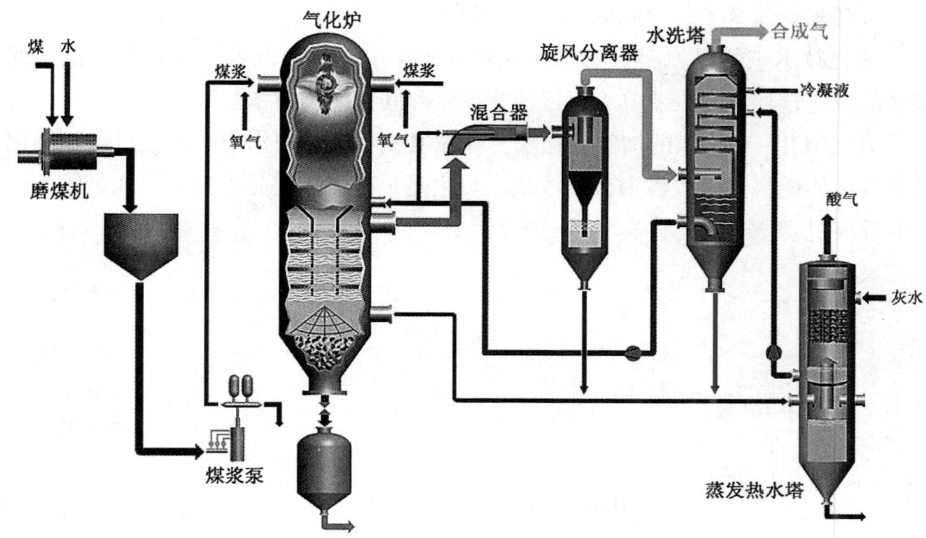

图 4—1　煤炭气化的原理图

（2）常压固定床无烟煤（或焦炭）富氧连续气化技术

其特点是采用富氧气化剂、连续气化、原料可采用标准 8mm—10mm 粒度的无烟煤或焦炭，提高了原材料利用率，对大气无污染、设备维修的费用和工作量较低，对已有常压固定层间歇式气化技术进行改进。

（3）鲁奇固定床煤加压气化技术

该项技术主要对原材料煤的质量要求较高，一般都是采用不黏或弱黏结性的煤。主要适用于城市生产煤气和燃料气。焦油、碳氢化合物在其产生的煤气中约占 1%，甲烷的含量大约占 10%。由于其焦油分离、含酚污水处理工艺相对复杂，所以并不适用于生产合成气。

（4）灰熔聚煤气化技术

其特点是对原材料煤种的要求不高，原料的适应性较广。因为其属于流化床气化炉，所以煤灰并不会发生熔融，只是灰渣会成球状或块状排出。主要的优点是可以直接气化低化学活性的烟煤和无烟煤、褐煤和石油焦，投资成本相对较低。主要缺点是操作压力偏低，对环境污染及综合利用飞灰堆存的问题处理的并不完善。此项技术适用于就近煤炭资源改变原料路线的中小型氮肥厂。

其主要运用途径：作为化工合成和燃料油合成原料气、作为冶金还原气、作为联合循环发电燃气和做煤炭气化燃料电池。

3. 煤的液化技术（间接液化和直接液化）

液化技术主要是原料煤在一些催化剂的作用下直接或者间接转化为汽油或柴油的液化过程，其主要分为直接液化技术和间接液化技术。

直接液化：又称煤的加氢液化法，煤在氢气和催化剂作用下，通过加氢裂化转变为液体燃料的过程称为直接液化。裂化是一种使烃类分子分裂为几个较小分子的反应过程。

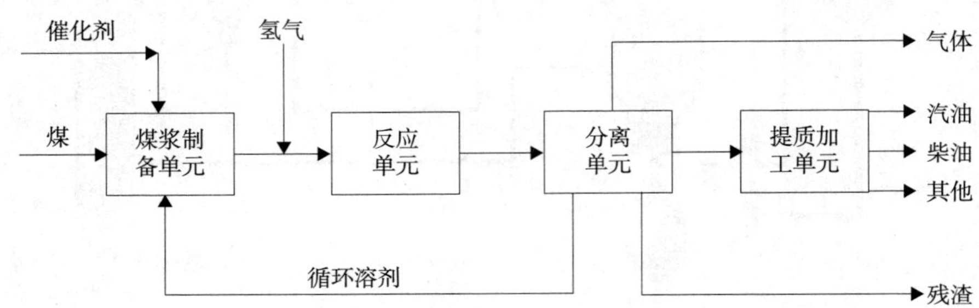

图 4—2　煤的直接液化工艺流程图

从上述煤的直接液化的工艺流程图可知煤炭直接液化技术主要包括：①原料煤在催化剂的作用成为煤浆的过程，实际上就是一个煤浆配制、输送和预热过程的制备单元；②煤浆在高温高压条件下与氢气反应，直接生成液体产物的反应过程；③在产生液体产物之后，需要分离出反应生成的一些残渣、液化油、气态产物，并将分离出来可以作为循环溶剂的产物直接回收到煤浆制备单元以提高原料的利用率；④在分离出产物中的杂质后，加入一定的氢气进行稳定并且提取出液态的汽油、柴油及其他物质的提质加工单元。陆陆续续开发出的典型煤炭直接液化技术有：美国的氢煤法 H-Coal 和 HTI 工艺、我国的神华工艺、德国的二段液化 IGOR（Integrated Gross Oil Refining）工艺和日本的 NEDOL 工艺。尽管国际上已存在大型的各种煤直接液化工艺，但是至今并未进行广泛的商业化推广。虽然这一工艺现在还未进行推广，但并不影响科研工作者对改进这些工艺的应用基础研究，现阶段的研究主要集中在反应器的改进、反应条件的影响、煤的组成对形成煤浆的影响、催化作用和新的催化剂、逆反应对液化的影响以及减少整个过程中的氢气的消耗等。

间接液化：煤炭的间接液化是以煤炭为原料，先气化生成粗煤气，在净化精制后，在催化剂作用合成气转化成烃类燃料、醇类燃料和化学品等液体燃料的过程。但该技术的操作条件相对直接液化技术要苛刻一些，并且对煤炭的种类的要求较高。典型的煤间接液化技术是在 400℃、150 个大气压左右将合适的煤种在相应催化剂的作用下加氢气液化，生产出芳烃含量高的油品，相应的杂质需要经过深度加提炼后才能达到现在石油产品的等级。在一般情况下，利用间接液化技术一吨无水无灰煤能合成大约半吨以上的液化油，并且煤间接液化油可生产洁净优质汽油、柴油和航空燃料。但是适合于大吨位生产的直接液化工艺目前尚未能进行广泛的商业化推广，很大程度上是由于其对煤种要求特殊，反应条件较苛刻，大型化设备生产的技术尚未成熟，使得目前产品的生产成本偏高。目前科研工作者正在研究如何改善其生产技术，以降低生产成本的同时提高煤炭的利用率减少二氧化碳的排放，并且使得该项技术能够得到广泛的商业推广。

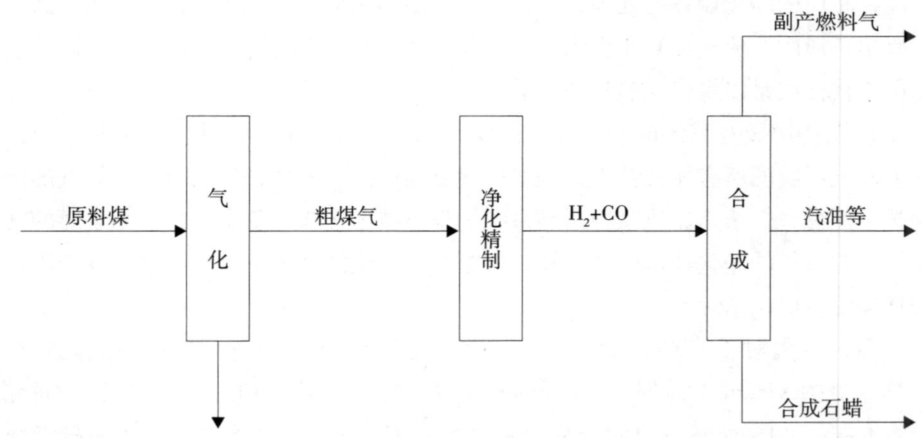

图 4—3　煤的间接液化过程

现阶段，已经进行商业推广的技术主要有 Mobil 公司的 MTG 工艺、Sasol 公司的 LTFT 以及 HTFT 工艺、Shell 公司的 SMDS 技术等。其他的一些工艺技术只是达到了小试规模的程度，与 SMDS 工艺或 Sasol 工艺流程有异曲同工之妙，但只是所采用的催化剂不同而已。其中包括 Kavemer 公司、美国 Exxon 公司和 Syntroleum 公司现阶段都在研制该工艺技术。

4.IGCC（整体煤气化联合循环）

2009 年 11 月，美国总统奥巴马访华带来的第一个与中国合作的实质性项目：GE 与神华集团于 2009 年 11 月 17 日签署的以战略合作的方式进一步提高 IGCC 技术商业合作的协议，以扩大中国工业领域对于煤气化技术的运用，共同促进 CCS（碳捕捉与封存）技术与 IGCC（整体煤气化联合循环）联合应用。煤炭是化石能源中碳排放系数最高的能源。目前像美国这样的发达国家探索的清洁煤的发电技术主要就是 CCS 和 IGCC 发电联产技术。

IGCC 发电联产技术是指将多种含碳燃料例如煤炭、生物质、石油焦、重渣油等在一定的条件下进行气化，并且将得到的合成气经过净化处理后用于燃气—蒸汽联合循环的发电技术。

IGCC 系统主要包括了两部分，第一部分是煤的气化与净化过程，其相应的设备有气化炉、煤气净化设备和空分装置。第二部分是燃气—蒸汽联合循环发电的过程，其主要设备包含燃气轮机发电系统、余热锅炉和蒸汽轮机发电系统等。该系统流程为：首先将原料煤在气化炉中气化成为中热值煤气或低热值煤气，其次经过相应的净化设备的处理，除去粗煤气中的灰分、含硫化合物等杂质，然后将除尽杂质的合成气体直接供到燃气—蒸汽联合循环中去燃烧做功发电，以此达到以煤代油或是以煤代天然气的目的。

从设备构成及系统的制造流程的角度来看，该系统运用并发展了几乎当前热力发电系统的所有相关技术，例如空气分离的技术、煤的气化技术与煤气的净化技术。燃气—蒸汽轮机联合循环系统的整体技术构成，就是综合利用了煤的气化技术与煤气的净化技术，并且较好地提高了煤炭的利用率，使该系统成为高效和环保的发电技术。

目前各国对于 IGCC 系统进行了比较广泛的研究。例如欧盟的电热氢联产系统、美国 Vision21 计划和 Futuregen 项目，日本的 EAGLE 多联产项目。研究专家 Celik 和 Larsons 等也对合成燃料（甲醇等）和电联产的二氧化碳减排系统进行了研究；而 Chiesa 等也对有关煤基氢电联产二氧化碳减排系统进行了相关分析；而高林等人则提出一种新颖二氧化碳减排系统，是一种无调整适度循环的电联产系统，其对该系统进行了规律性分析和机理研究，并且指出了借助于多联产系统的相关优势，回收二氧化碳的多联产系统可以在保持能耗和效率稍大于或者接近分产流程的情况下实现一部分二氧化碳的回收与分离。

目前我国已经有了一些像兖矿集团所建的甲醇、电多联产示范项目。国内的一些研究专家也对 IGCC 系统进行了较为深入的研究。从各国对该 IGCC 系统研究的热忱，可以看出该系统有望实现低能耗、低成本的二氧化碳减排。

在改进 IGCC 系统的同时，许多国家已经将 CCS 即碳捕捉与封存技术（在后面去碳技术章节中会详细对该技术进行介绍）与 IGCC 进行联合运用致力于最大效应地减少二氧化碳的排放。进入 21 世纪后，基于要应对气候环境的恶化，煤电行业也采取了 CCS 技术。但是在传统燃煤锅炉的基础上再增加 CCS 技术的效率已经远远不及 IGCC 与 CCS 联合应用的效用。虽然在现阶段 IGCC 并未进行广泛的商业推广，但是预计在 2020 年后该项技术在得到进一步改善后，IGCC 电厂将成为新建煤电厂的首选方案。

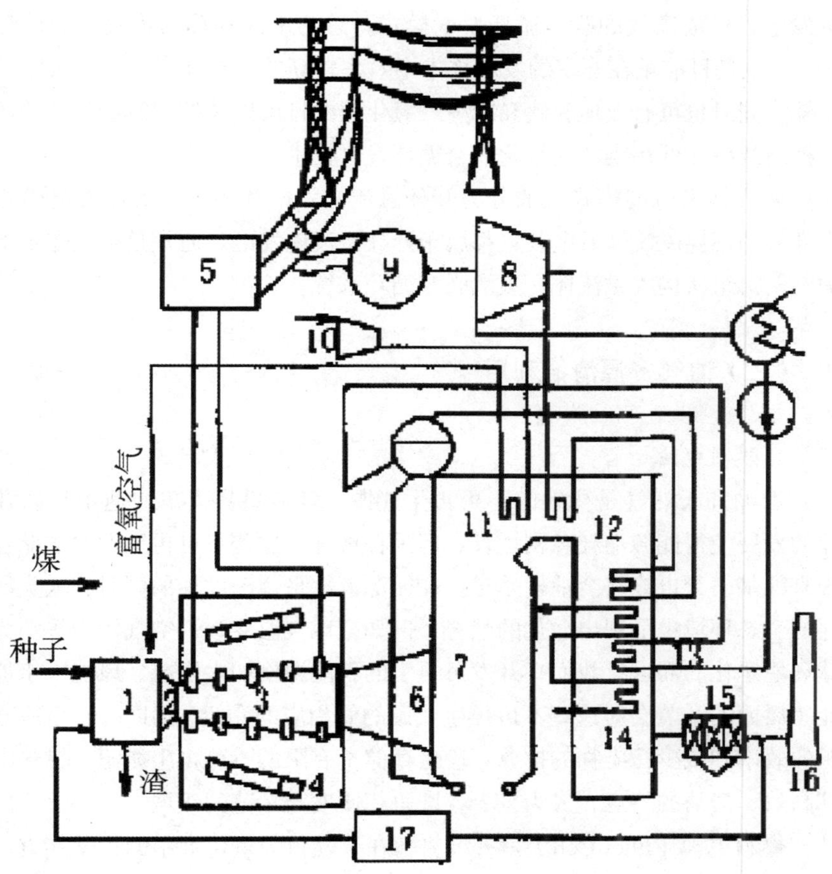

图 4—4　典型的燃煤磁流体发电技术图

1. 燃烧室，2. 喷嘴，3. 发电通道，4. 磁体，5. 逆变器，6. 扩压器，7. 锅炉，8. 汽轮机，9. 发电机，10. 空压机，11. 高温预热器，12. 过热器，13. 省煤器，14. 空气预热器，15. 除尘器，16. 烟囱，17. 种子再生装置。

5. 燃煤磁流体发电技术

燃煤磁流体发电技术通常也称为等离子体发电技术，是磁流体发电的典型应用，通常通过燃烧煤以得到的 2.6×106℃以上的高温等离子气体，等离子气体在快速流过强磁场时，气体中的电子会受到磁力的阻碍作用，最终会沿着与磁力线垂直的方向流向电极，发出直流电，经直流逆变为交流送入交流电网。

通常磁流体发电的效率大约只在 20%，但是其排出的烟温度很高，所以从磁流体排出的气体一般都会回收到一般锅炉继续燃烧，转化成为蒸汽后驱动汽轮机发电，构成高效的联合循环发电模式。总的来说其总的热效率估计在50%—60%，也是目前正在开发的发电技术中效率较高的一种技术。除了发电效率较高以外，同时也可有效地脱硫和减少二氧化碳的排放以及控制氮氧化物的产生，是一种高效率、低污染的煤气化联合循环发电技术。

磁流体发电的模式一般分为开环磁流体发电和闭环磁流体发电模式。我国大部分的燃煤磁流体发电装置都属于开环磁流体发电。通常是磁流体发电机与锅炉汽轮机组所构成磁流体—蒸汽联合循环系统。

（二）油气资源清洁利用

1. 燃料电池

石油和天然气是稀缺的不可再生能源，随着世界人口快速增长以及现代工业的发展使得能源消耗急剧增长，但是在地球上这些不可再生资源的储存量，在未来的某一天也终将会消耗殆尽。在能源消耗量逐渐增加的同时，人类所赖以生存的生态环境也呈现出恶化的趋势，例如全球气温变暖、空气污染等。为应对全球环境恶化的需求，我们在开发可再生的新能源例如太阳能、风能、水能、地热能（后面的章节会对这些不可再生能源的做相应的介绍）的同时，也应当提高能源的效率和减少污染物的排放。珍惜存储量有限的不可再生能源。燃料电池凭借其高效、清洁的特点，成为世界各国争相研发与示范的领域。

燃料电池（Fuel Cell）是一种将存在于燃料与氧化剂中的化学能直接转化为电能的连续发电装置。将燃料和反应气体分别输入燃料电磁装置内，电就会被奇妙地生产出来。燃料电池十分复杂，涉及化学热力学、电力学、电催化、材料学、自动控制及电力系统的相关理论。它从外表看像是一个包含了正负极和电解质的蓄电池，但实际上它只是一个“发电厂”并不具备“储电”的功能。其基本的工作原理虽然与常规的电池相似，但是两者的工作方式却有很大的不同。其燃料和氧化剂都是由电池外的辅助系统来提供的，在整个发电的过程中，需要连续不断地向电池内输入燃料和氧化剂，在排除反应杂质的同时也要排除一定的余热，以便维持所需要的反应恒定工作温度。

燃料电池系统中燃料与电能之间的转换效率大约在45%—60%，一般的核电与火力发电的效率大约在30%—40%，由于其原理是直接将燃料的化学能转化为电能，中间不经过燃烧过程，因此在整个反应过程中不受卡诺循环的限制。其主要的优点：能量转化效率高、污染小、建设周期短、占地面积小、运行质量高、负荷响应快（其可以在短短的几秒里从最低功率变换到额定功率）、原材料来源非常广泛等。燃料电池无论作为集中电站还是分布式电站，非常适合成为大型建筑、小区和工厂的独立电站。

表 4—3 燃料电池的主要类型

	碳酸燃料电池（PAFC）	熔融碳酸盐燃料电池（MCFC）	固体氧化物燃料电池（SOFC）	质子交换膜燃料电池（PEMFC）
电解质	碳酸水溶液	Li_2CO_2/K_2CO_2 碳酸盐	ZrO_2 基陶瓷	高分子质子交换膜
传导离子	H^+	CO_2^{2-}	O^{2-}	H^+
工作温度	180℃—220℃	650℃—700℃	800℃—1000℃	常温—90℃
反应气体	H_2	H_2，CO	H_2，CO	H_2，CO
原料	天然气，甲醇	天然气，煤气	天然气，煤气	H_2，天然气
氧化剂气体	空气	空气	空气	O_2/ 空气
发电效率	40%	45%	50%	40%
适用输出功率	50W—200W	1000KW 以上	50KW—1000kW	0.1KW—100kW
研发阶段	已实用化	研发阶段	研发阶段	开始实用化
电化学反应式	阳极：$H_2 \rightarrow 2H^+ + 2e$ 阴极： $1/2O_2 + 2H^+ + 2e \rightarrow H_2O$	阳极：$H_2 + CO_2^{2-}$ $\rightarrow H_2O + CO_2 + 2e$ 阴极： $1/2O_2 + CO_2 + 2e \rightarrow CO_2^{2-}$	阳极：$H_2 + O^{2-} \rightarrow H_2O + 2e$ 阴极：$1/2O_2 + 2e \rightarrow O^{2-}$	阳极：$H_2 \rightarrow 2H^+ + 2e$ 阴极： $1/2O_2 + 2H^+ + 2e \rightarrow H_2O$
主要用途	中型分布式热电联产	大型分布式发电	中—大型分布式发电	中小型分布式热电联产；特定电源：FC 汽车

根据工作温度、电解质、原材料以及适用输出功率等的不同，将燃料电池划分成了四类：磷酸型燃料电池（PAFC）、熔融碳酸盐型燃料电池（MCFC）、固体氧化物型燃料电池（SoFC）和质子交换膜燃料电池（PEMFC）。从表中可以看出磷酸型燃料电池（PAFC）已经实用化主要用于中型分布式热电联产，质子交换膜燃料电池（PEMFC）也开始实用化主要用于中小型分布式热电联产。燃料电池与常规的火力、水利等其他发电技术相比，其具有发电效率高、环境污染低、负荷运行快、燃料来源广、噪声低等优点。

近些年，世界各国也都相继展开了对 PEMFC 技术的研究，主要以燃料电池汽车以及中小型分布式热电联产固定电站为研究的方向。在该项技术上走在全球最前沿的是加拿大 Ballard 公司，主要的应用领域为交通工具和固定的小型电站，并且 Ballard 公司研发的关于固定电厂的燃料电池已经开始进行商业化使用了。Ballard 公司与其他公司合作建立的 Ballard Generation System 也研发出了供发电厂使用的千瓦级以下的中小型燃料电池。目前 Plug Power 公司是北美最大的质子交换膜燃料电池开发公司，居民家用分散型电源系统 Plug Power7000 是该公司的专利产品，Plug Power 公司所推出的商业化产品也主要是由 GE MicroGen 公司负责在全球范围内的推广。

对于一次能源严重匮乏的日本来讲，能源技术的发展对其国家经济的发展尤为重要。所以日本一向是站在国家战略的高度来推进能源技术的研发进程，该国也是燃料电池发展与应用较快的国家之一。目前，日本天然气 1 千瓦级 PEMFC 家庭电站，已经可以实现热效率约 47%、发电效率约 34%，总的效率可达到 81% 左右。该技术目前已经是全球最好的水平。如果将此投入大规模的生产当中，电站的造价也会接近内燃式电站的每千瓦 700 美元以下的造价水平。

2. 天然气的脱碳技术

目前国内外利用较多的天然气脱碳技术有以下四种。

（1）低温分离法

该技术主要是利用原材料不同的挥发程度，在不同的温度下将原料气体逐渐冷凝成液态，再按照一定的方法将其逐一蒸发分离。该方法也可以分离出大量的酸性气体和回收天然气并伴随天然气凝液回收。该分离法主要适用于对净化度要求不高但是二氧化碳含量较高的场合。目前国外使用较多的是 Rayn-Holmes 工艺法。

低温分离工艺优点是：特别适合于注入二氧化碳进行采油后，释放出的气中二氧化碳流出量比较大以及二氧化碳含量较高的情况。经过该方法所得到的二氧化碳通常是干燥的、高压的。通常用于 EOR 回注时可降低压缩需要。主要缺点是：设备大幅降温导致能耗较高。

（2）变压吸附分离法

该分离工艺主要是利用不同气体的随着压力变化吸附容量存在明显差异特性，在一定的条件下加入吸附剂，加压吸附分离出混合物中所包含的杂质（或产品）。当减压解吸这些杂质（或产品）之后可以使得吸附剂得到再生，以实现真正的分离的目的。在整个分离过程中，所采用的吸附剂对二氧化碳具有较强的吸附能力。吸附剂吸附不同气体的强弱依次为：CO_2>CO>CH>N_2>F120。

该工艺优点是：由于其在常温操作，因此在整个过程中不存在能量消耗，并且并无腐蚀性介质。一般情况下其所需的设备、管道、管件寿命均可以保持在15年以上，全程由电脑控制可以自动切除出现故障的吸附塔，能够达到长周期安全运行，而且维修费用低。电耗低，运行费用低，CH损失率大约在1.0%，回收的二氧化碳纯度可以达到95.50%以上。缺点是：该分离工艺为了获得高纯度的二氧化碳以及减少的烃的损失率。需要建立很多的吸附塔，因此前期需要较多的投资费用。

（3）活化MDEA法

利用醇氨分子结构中所含有的可以使混合物的蒸汽压降低并增加水溶性的羟基，以及能够其在水溶液中显碱性的氨基，在其与二氧化碳及硫化氢等酸性气体发生反应后将其除去。这是醇胺法中经常用到的脱二氧化碳技术。

该方法的优点是：热稳定好、无腐蚀量、蒸汽压较低、酸气的溶解度也较高等特点。由于其富液可以通过降压能够蒸出大量的二氧化碳气体，本工艺也属于单位能耗较低的方法。

该方法的缺点：由于在整个过程当中的分流流程比较复杂，所以在前期相应设备投资费用较高，而且该方法所采用的MDEA溶剂价格较高：也需要增加一些脱水装置控制水露点。

（4）膜分离法

主要利用原料气各气体在膜中的渗透速率不同，实现二氧化碳分离。目前，经常用于分离二氧化碳材质是醋酸纤维膜工业所利用的螺旋卷型单元和中空纤维素型单元。此类分离法可以分别和变压吸附分离法、活化MDEA法结合使用。

3. 天然气DES / CCHP系统

在20世纪70年代后期出现“石油危机”后，世界各国对天然气进行了快速的发展，以冷热电联供为特色的分布式能源系统（DES / CCHP）就是伴随着这个时期所产生的，并且现在该技术的开发与应用已经趋于成熟。该技术在OECD国家的发电量也已经占到了14%—40%，并已具备了相当大的规模，对近几十年来提高能源的利用率减少二氧化碳的排放起到了非常大的作用。为了应对全球气候变暖的情况下，这些国家仍在加强对DES / CCHP系统的发展和应用，将该技术作为提高不可再生能源利用率的重要途径之一，并且计划在2020年实现翻倍的增长。

CCHP系统又称为微型热电冷联产系统，是一种能源综合梯级利用的解决方案。主要是以燃气（天然气、生物质气等）作为一次能源，结合了发电系统、供热、供冷系统并以小规模和点状分布在用户附近的一种综合功能方式。总的能源利用率已经达到了75%—90%。该系统主要是以微型燃气轮机或燃气内燃机作为原动机驱动发电机进行发电，也可以通过回收再利用原动机所产生的高温尾气向用户供热或供冷，以便能够满足用户的需求。CCHP系统既可以使用户自成一个能源供应系统，但是又可以与政府的电网并联运行，可以一台独立运行也可以多台并联运行，具有较强的独立性、灵活性和安全性。CCHP系统结构紧凑，重量轻，占地面积小，安装方便，自动化程度高，运行成本低。

（三）工业与建筑节能

1. 工业节能

（1）SCOPE21炼焦技术

SCOPE21又称面向21世纪高效与环保型超级焦炉，是Super Coke Oven for Productivity and Environment Enhancementtoward the 21st Century的缩写。实际上该技术就是将如流化床煤干燥、低NOX排放、DAPS（煤水分降至2%，预先压块技术）、干熄焦、快速加热煤预热、高密度硅砖等现今炼焦行业各种先进技术集中到一个炼焦系统上，以达到节能减排的最佳效果。该技术能有效地提高煤炭资源的有效利用，大大提高炼焦行业的生产率，减少二氧化碳的排放，是一项非常具有创新意义的工艺技术。

SCOPE21由煤预处理、干馏、出炉和焦炭改性等三个基本工序组成。首先将原材料煤炭进行干燥、分级后，分别将粗粒煤和煤粉快速加热至350℃—400℃，将煤粉用热成型、机成型，并与粗粒煤混合，以便能改善弱黏结提高能源的利用率。其次，将预热后的煤炭采用无烟输送的方式装入具有高热传导率的薄壁焦炉的炭化室内，以中低温进行均匀干馏且需要在低于一般干馏温度的情况下出炉。最后，再将出炉的焦炭送到CDQ（干熄焦）的改质燃料室内进行再加热至通常干馏温度水平（约1000℃）以便能得到最终需要的高质量焦炭，真正实现节能减排的效果。在原料煤预处理过程中电能的损耗相较于以前的工艺会有所增加，但干馏煤气燃烧较常规工艺较少了21%的能耗。

（2）高炉炉顶煤气循环技术

高炉炉顶煤气循环（TGRBF）技术主要是利用二氧化碳捕集技术，将高炉煤气经过一定程序处理后分解成二氧化碳富集煤气和一氧化碳富集煤气。其中可将一氧化碳富集煤气再送入高炉内作为可降低高炉炉炼铁焦比的还原剂来使用。而二氧化碳富集煤气则需要经过多次除尘净化和压缩后，才能送入二氧化碳管网或存储器。该工艺技术可以提高高炉的性能，减少能耗的损失和二氧化碳的排放。该技术研究项目属于欧盟超低二氧化碳炼钢项目ULCOS研发的内容之一，在经过模型与小高炉试验后，现正准备扩大规模试验，预计2020年前后能实现工业化应用。高炉煤气的循环再利用即提高了生产效率又能大大减少二氧化碳的排放，若加上捕集的二氧化碳则至少可减少50%以上的二氧化碳排放量。

目前在欧洲的一些国家也已经进行了一些高炉实验。2007年，瑞典就进行了实验，高炉工作容积为9立方米，炉缸直径为1.4米，并且配备了用于喷吹循环煤气、煤粉和氧气的3个主风口和用于用于喷吹循环煤气的三个炉身风口，但是年产量只能达到1296吨。其中为了更好地减少二氧化碳的排放，还额外建立了一套真空变压吸附装置（VPSA）。相较于变压吸附和有机膜等二氧化碳脱除法，VPSA比它们的成本更低、效率更高，并且在一定程度上可以防止尾气中一氧化碳稀释，进而提高二氧化碳的存储量。现已经开始规划和建设一些大型的示范项目，如将在德国安赛乐米塔尔Eisenhuttenstadt厂进行年产70万吨/年但不进行碳存储的中试，以及在法国安赛乐米塔尔Florange厂进行年产产能138万吨/年且包括二氧化碳储存的示范。

2. 建筑节能

目前在建筑领域，低碳住宅越来越受到人们的青睐。目前从相关的数据统计来看，世界大约50%的住宅开发都在中国，而中国建筑二氧化碳的排放量已占中国二氧化碳总排放量的25%。对此一些相关专家认为，必须通过推动低碳住宅工业化生产，例如通过大量新技术、新材料、新技术、新设备的推广与应用，以提高住宅的整体节能减排的水平。

低碳建筑的概念是指在建筑材料与设备建筑物施工和建造的生命周期内，尽可能地减少不可再生能源的利用，提高能效的同时降低二氧化碳排放量。现在在国际建筑界低碳建筑已近逐渐成为主要的发展趋势。其主要分为低碳材料和低碳建筑技术两个方面。下面主要介绍外墙、门窗、屋顶和地源热泵技术。

（1）外墙节能技术

由于传统的墙体保温法现已经无法适应低碳建筑的发展要求，而被取而代之的则是一种新型的复合墙体法。该墙体保温法利用一些块状材料或者钢筋混凝土来作为其承重结构，通常墙体是用结构中的薄壁材料与相应的保温隔热材料直接混合而成的。复合墙体法所采用的材料有聚苯乙烯泡沫、加气混凝土、岩棉、胶粉聚苯颗粒浆料发泡水泥保温板、玻璃棉以及膨胀珍珠岩等。这些保温、隔热材料都是经过特殊的生产工艺才生产出来的，而这些技术也正是传统工艺所不能达到的。

复合墙体法被分为内附保温层法、外附保温层法和夹心保温层法三种类型。其中夹心保温法是我国建筑领域使用最多的一种方法，而外附发泡沫聚苯板在欧美等发达国家被采用得较多。在建筑节能技术比较领先的德国，70% 使用外墙保温技术的建筑都是采用泡沫聚苯板。

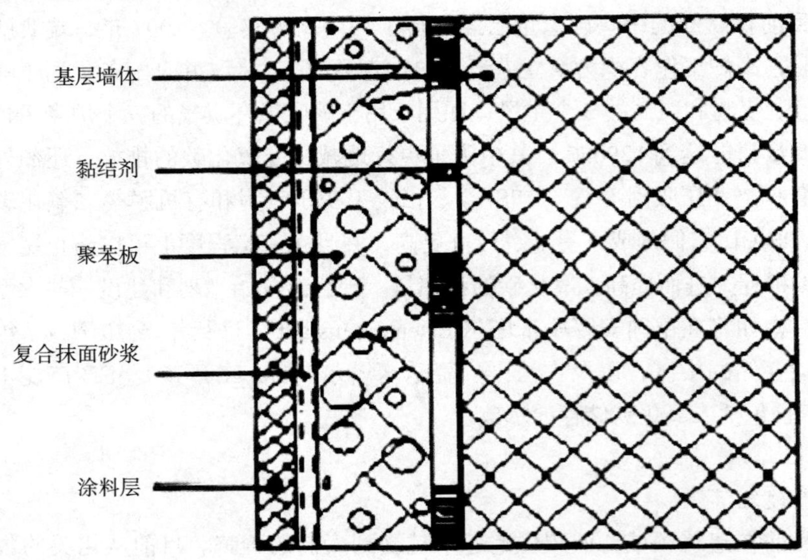

图 4—5　外墙保温示意图

（2）门窗节能技术

门窗的节能效果主要是通过提高门窗整体的保温隔热性以及密闭性来实现的，通常最主要的途径就是改进材料性能。随着近些年的发展已经开发出了一些技术含量较高的节能材料，例如 UPVC 塑料型材、钢塑整体挤出型材以及铝合金断热型材等。

以高分子原材料硬质聚氯乙烯为主的 UPVC 塑料型材是目前使用较为广泛的节能材料。主要的优点是材料导热系数小、多腔体结构密封性好以及在整个生产过程当中低能耗和污染。在德国 UPVC 塑料门窗的使用已经达到了 50% 以上，欧洲各国采用该塑料门窗也已经多年了。

随着建筑节能的设计标准进一步加强，传统的单层玻璃已经不能满足现在的节能要求，现如今双层玻璃、三层玻璃及中空玻璃的应用与发展较快。多层玻璃窗的采用，使得建筑的保温隔热性能有明显的提高，主要是利用玻璃之间密闭的静止空气来达到绝热的效果。不便清洗的普通双层玻璃正在逐渐被中空玻璃所取代。

中空玻璃主要是由 2—3 片玻璃与充满干燥空气或惰性气体层组合而成。双层普通透明中空玻璃的隔音量提高 5 分贝，传热系数比单层玻璃低约一半，但是整体的遮阳效果并没有得到实质性的提高。

长期保持良好的密封性，可延长中空玻璃的使用年限，所以应当在市面上主要推广密封性良好的产品。由于整个行业的快速发展，现已相继研发出了低发射率镀膜玻璃、热反射镀膜玻璃等具有良好的透光、遮阳和阻热性能的节能玻璃。

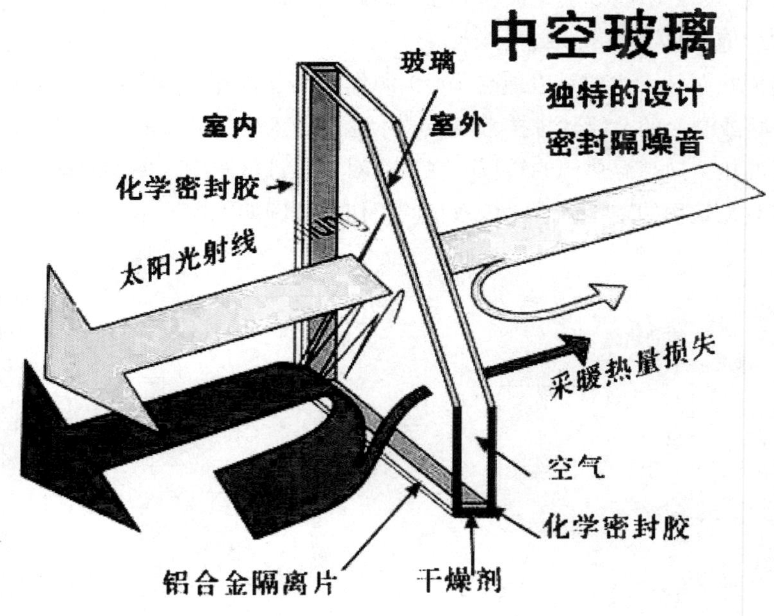

图 4—6　中空玻璃节能原理

（3）屋顶节能技术

屋顶节能技术主要是利用智能技术和相应的生态技术来实现屋顶节能效果的，例如太阳能集热屋顶和可控制的通风屋顶等。

国外现在采用较多屋顶节能技术是利用挤塑聚苯乙烯（XPS）板做倒置屋面保温层。XPS 板组织均匀，连接紧密，强度高都与其连续的表层和闭孔式蜂窝状结构有着很大的关联。并且 XPS 板的隔湿性和耐气候性能好，抗老化的性能较强。将这种 XPS 板做屋面保温覆盖在防水层之上，能够起到保护防水层的作用，即可减少防水层因受到阳光的曝晒而减少寿命，又可以避免受到外界磨损、冲击、穿刺等破坏。此倒置屋面构造并不复杂，用 XPS 板排铺（不是粘贴）在防水层上，再用块体材料或卵石作保护层即可。按照同样的做法，也可改用硬质聚氨酯泡沫塑料防水保温一体化材料做保温层。

目前，在英国也存在着一种利用耗能极少的纸纤维来作为隔热保温材料的保温层法。纸纤维是利用回收的废纸制造而成的，该材料经过一定的工艺处理也能达到防火的效果。

架空通风、屋顶蓄水或定时喷水、屋顶绿化等方法也可以在一定程度上达到隔热和降温的效果。现在最受推崇的是利用智能技术、生态技术来实现建筑节能的愿望，如太阳能集热屋顶和可控制的通风屋顶等。

（4）地源热泵技术

地源热泵技术主要是以地热（冷）源作为热泵装置的热源或热汇，对建筑物进行供暖或制冷的节能减排技术。该技术通过输入少量的高品位的电能，实现能量从低温热源向高温热源的转移。在夏季对室内进行制冷，冬季向室内供热，真正实现对建筑物的空气调节。该系统的工作原理图如下图所示：

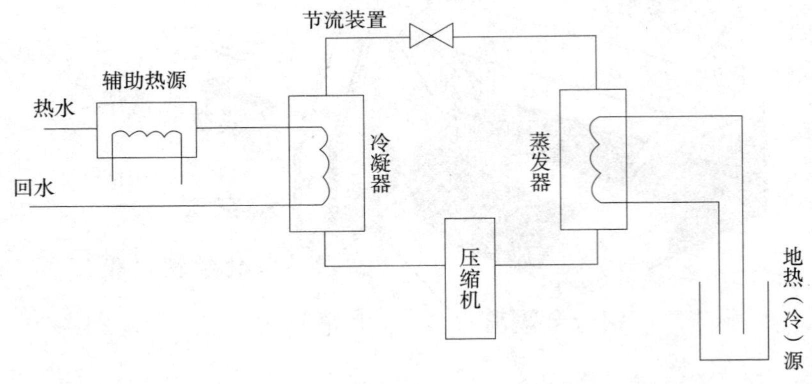

图 4—7　地源热泵技术原理图

根据地源热泵技术所采用的热源和热汇的类型不同，可以将其分为三种类型：地表水热泵技术：主要以地表的河流、池塘、小溪或湖泊等外部水源作为该技术的热源和热汇来对建筑进行供暖制冷的热泵技术。由于地表水源受季节、气候等因素的影响较大，故不能 100% 保证该系统能够在寒冷的冬天满足用户的供暖需要，因此还需要额外地安装一些加热设备确保系统能完全满足用户的供暖需求，一般情况下安装辅助性设备都是采用双联热泵采暖系统。

在系统运行时，可以直接用水泵抽取地表的热源热汇输入热泵的蒸发器来进行热交换，但是需要注意的是要将进入水泵的地表水进行过滤，以免水中的杂质进入水泵，不致影响整体的工作效率。另外，也可以直接将换热器置于水中，通过制冷器来循环吸收热源或热汇的热量，通过盐水的间接循环也可以获得热量。但是为了保证换热器的整体工作效率，上述的两种方法都必须对其进行定期的清理。

地下水热泵技术：是以地下深井水作为热源或热汇来对建筑物进行供热或制冷的技术，也是迄今为止技术最成熟，应用最为广泛的一种地源热泵技术。

该热泵技术有以下优点。

①成本相对较低。相较于其他热泵技术，该系统只需要一对较高流量的抽水井和回灌井，并不需要像大地耦合式热泵那样埋在地下的热交换器，所以成本会大大降低。

②技术相对较成熟，推广起来较容易。该技术已经在商业当中使用了多年，并且现在已经形成了系列产品，技术相对较成熟，在进行大范围的商业推广时要容易得多。

③设备占地面积小。由于该系统运行时只是需要一对较高流量的抽水井和回灌井，并不需要在地下铺设大量管道，故该系统占地面积小。从另外一个方面来看，设备占地面积小，也便于日后进行设备维护检修。

④运行稳定。由于地下水热泵的热源利用是地下深井水，因此不会像地表水热泵技术的热源那样受到季节和温度的影响。所以该系统在运行时较稳定，也不需要像地表水热泵技术那样还需要额外装置一些加热装置来辅助加热。

虽然该技术相对来说已经较成熟，但是依然还有以下几方面的问题没有克服。

①其所利用的热源或冷源的温度会受到一定限制，在一定程度会影响整体效率提高。

②如果在施工的过程中操作不当，可能会对地下水造成污染。

③由于该系统的热源或冷汇一般都是采取距地面较深的井水，因此水泵运行费用比较高。

大地耦合式热泵技术：以地表浅层的土壤作为热源或热汇，来对建筑物进行供暖或制冷技术。

该热泵技术有以下几个方面优点：

①噪音污染小。由于大地耦合式热泵与土壤的热交换不需要风机，因此该热泵的噪音污染较小。

②系统运行稳定。以一定深度的地下土壤作为热源或冷源，温度波动小，系统运行也相对稳定。

③节省能源，减少环境污染。该技术所利用的热源可以部分或者全部代替传统空调系统中的冷却塔和锅炉，在一定的程度上可以节约一部分不可再生能源，并减少对环境造成的污染。

该技术也存在以下几方面的缺点。

①占地面积大。由于土壤的传热性能较差，为了满足用户的需求就需要较大的传热面积，因此就导致了整体体统运行的占地面积较大。

②由于其占地面积较大，同时也需要在地下埋设大量的管道，地下管道的埋设成本较高，而且深埋的管道也不便于日后维护与修理。

③在系统的热换器受到周围土壤干燥影响后，系统的传热性能会下降，整体的运行效率也会受到影响。

利用地源热泵技术对建筑物进行供暖和制冷，不仅可以大大节省传统的化石能源，又可以减少二氧化碳的排放，而且整体的运行费用相较于传统的空调设备也降低 30%—40%，总体上来说还是具有较大的发展空间。

（四）煤层气勘探开发

煤层气的主要成分是甲烷气体，简称“瓦斯”，并伴随着煤炭产生，并且以吸附状态储存于煤层内的非常规天然气，其热值也比一般的原料煤高 2—5 倍，1 立方米纯煤层气的热值相当于 1.21 公斤标准煤。其热值与天然气相当，并且可以与其混用。正是由于煤层气燃烧后无污染，现如今也成为人们生活中一种新的清洁能源。但是煤层气的空气浓度达到 5%—16% 时，遇到明火就很容易发生爆炸，若将煤层气直接排放到空气中，其对大气的危害将是二氧化碳的 21 倍，如果在开采煤炭之前先开采煤层气，不仅能将瓦斯爆炸率降低 25%—30%，又可以减少温室气体排放。目前，一些专家把对煤层气的研究重点放在勘探与开发技术领域。

1. 煤层气地震物理勘探技术

煤层气的地震勘探主要是利用地震波运动学和相应的运动学的知识来研究煤岩层的结构特征。煤气层的地震勘探将油气层中的存储理论、双相介质理论、各向异性介质理论与一些煤层的地震资料相结合，主要有以下几种技术。

（1）方位各向异性技术

方位各向异性技术主要是根据不同方位角 P 波振幅、速度、波阻抗等多个地震属性随入射角变化的规律，利用地震 P 波方位属性确定煤（岩）层裂隙发育带的空间分布，其基本步骤包括：a. 为了增加有效覆盖次数，将 4—9 个面元的数据形成宏面元；b. 然后按 15°—30° 的方位角增量抽取 6—12 个方位角道集；c. 对 6—12 个方位角道集进行速度分析、NMO 校正、叠加和偏移，得到 6—12 个方位偏移数据体；d. 对 6—12 个方位偏移数据体进行波阻抗反演，得到 6—12 个方位波阻抗数据体；e. 从 6—12 个方位偏移数据体和方位波阻抗数据体中提取与岩熔裂隙密度有关的地震属性参数；f. 对方位偏移数据体、方位波阻抗数据体中提取的方位地震属性（主要包括振幅、频率、波阻抗、速度）进行融合；g. 利用融合后的方位地震属性对煤层裂隙发育带进行预测和解释，定量计算裂隙发育带的密度和方向。

（2）弹性波阻抗反演技术

Connolly（1999）提出了弹性波阻抗反演方法，是一种利用不同炮检距的 AVO 信息的叠前波阻抗反演方法，并且该方法主要是建立在地震波垂直入射假设的基础之上。而一般的波阻抗反演方法只是将反映构造信息的地震剖面转换为反映岩性信息的波阻抗剖面。弹性波阻抗反演方法，为了充分利用 AVO 信息，构造了一种类似与声波波阻抗 AI 的弹性波阻 EI（Elastic Impedance），是岩石纵波速度、横波速度、密度和入射角的函数。通过弹性波阻抗反演可以求得不同入射角的弹性波阻抗值 EI，相对于声波波阻抗 AI，弹性波阻抗 EI 更有利于岩性分析。

若共中心点道集的各道炮检距变化范围较大时，其垂直入射的理论则不成立，理论系数与实际的系数存在较大的差别，那么就会出现 AVO 问题获得的叠加（偏移）剖面也并非零炮检距剖面，而是共中心点道集的各道反射波振幅平均叠加结果。对叠加（偏移）剖面进行反演，获得的波阻抗不是声波波阻抗 AI。

如果共中心点道集的各道炮检距变化范围不大时，地震波近似垂直反射界面，获得的叠加（偏移）剖面可近似视为零炮检距剖面。对零炮检距（或小炮检距）剖面进行反演，可以得到声波阻抗 AI（Acoustic Impedance），仅与岩石纵波速度和密度有关。

（3）地震反演技术

地震反演技术是集地震、测井、地质、计算机等学科的综合地球物理勘探技术。该技术主要是根据钻孔测井数据纵向分辨率很高的有利条件，对井旁地震资料进行约束反演，并在此基础上对孔间地震资料进行反演，推断煤层的变化情况，这样就把具有高纵向分辨率的已知测井资料与连续观测的地震资料联系起来，实行优势互补，从而大大提高了三维地震资料的纵、横向分辨率对地下地质情况的勘探。

2. 煤层气井增产技术

（1）注气增产技术

注气开采煤层气是注入增产法中的一种方法，是通过向煤储层注入高压气体的办法来促使煤层气由吸附态转化为游离态，使煤层气解吸扩散速率增大，进而提高煤层气井产气量。向煤层中注入的高压气体常见的有二氧化碳、氮气以及烟道气等。煤层气注气开采方式分为两种：先注气后采气的间断性注气模式和边注边采的连续性注气模式两种注气模式最终目的均为提高煤储层煤层气产出量，但具体增产机理存在一定差异。

先注气后采气的间断性注气模式增产机理：首先选择合适的煤层，以合适的井距钻探注入井和生产井，在一个注入井周围打多口产出井，注入井注入助产气体，生产井生产煤层气。通过注入井将二氧化碳等气体注到煤层中，二氧化碳等气体到达煤层后大部分与煤层气发生吸附置换，将吸附在煤层中的甲烷解析出来，解析出的甲烷再通过煤层孔—裂隙系统运移至生产井井底进而产出地面。

边注边采的连续性注气模式增产机理：随着采出生产的进行，注入气体到达储层后，大部分便只在较大的孔—裂隙系统中参与了产出气体的渗流，并不能及时有效地进入煤基质单元与吸附态甲烷发生吸附置换。此时注入气体的作用主要是用来维持较大的储层能量，减小孔—裂隙系统中甲烷的分压，增大甲烷扩散渗流速度。

根据一些研究表明，煤对二氧化碳、甲烷、氮气的吸附能力的大小比为4∶2∶1，但是具体的吸附指数也与煤阶存等因素存在一定的关系。由于煤对二氧化碳的吸附能力最强，二氧化碳被注入煤层后就会将原来吸附在煤层表面的甲烷气体置换出来。在注入二氧化碳驱替煤层气的过程中，整个煤层气的总压力始终是保持平衡状态。现阶段对二氧化碳综合利用最多的就是用其来进行驱油和驱替煤层气。但是利用二氧化碳进行驱替煤层气也存在一些问题，例如渗透率低、产能小、成本高且全球二氧化碳捕集与封存的技术仍处于研发阶段，大规模的纯度高的气源也难以得到保证。

（2）振动增产技术

振动增产技术的原理是利用超声波转换器、井下电脉冲技术、高压水流等在储层产生瞬间高压声波、电波或水冲击波，高压波进入储层，使储层孔隙内堵塞物产生波动，在波高压流的带动作用下堵塞物发生流动，达到解堵的作用；另一方面，若波瞬间高压达到储层岩石的破裂压力，则会在井筒附近储层内催生出裂缝，起到造缝的作用，进而增加储层的渗透率，增大产能；此外由于波在瞬间高压作用下的传递速度较快，对储层孔隙内的流体起到带动作用，可降低储层内部流体的黏度，增大流体渗流速度。

采用不同波发生器，会产生不同的波，具有不同物理性质的波对储层的作用效果不尽相同。波的波长、频率以及波产生后达到的瞬间高压都会对作用后的增产效果产生影响。

（3）大功率脉冲技术

大功率脉冲技术是在瞬间获得高功率波的一门专项技术，其作业原理是通过井筒将脉冲发生器置于井底储层处，发生器通过电缆与地面操作平台相连。通过发生器在储层位置进行大功率放电，再利用物理原理通过井底设备将大功率电脉冲转换为机械能，在地层中生成高压脉冲应力波作用于煤储层。

（4）超声波技术

超声波技术对煤层气井的作用效果体现在：超声波作用于煤储层后，储层中的气—水等流体以及固体颗粒等便会发生振动，由于不同物质具有各不相同的固有频率，使得储层中不同物质的振动幅度及振动加速度均不相同，从而使不同物质界面发生相对运动。这种效果将会使煤储层中的固体颗粒发生移动，并随气水流向井筒，解除储层堵塞；此外由于煤层气与地层水的振动不同，使得更多煤层气进入水中形成气泡，减小了气水渗流阻力。

超声波具有较为集中的能量，在储层改造中见效较快，但是其频率较高，波长短，导致超声波在储层内的传播距离较短。故该技术可应用于煤层气井解除井筒附近污染作业，不宜作为煤层气井长远的增产措施。

（五）智能电网技术

智能电网（SmartPowerGrids），就是电网的智能化，也被称为“电网 2.0”，以高速的双向通信网络为基础，集合了现代社会先进的传感和测量技术、先进的设备技术、先进的控制方法以及先进的决策支持系统技术为一体，并且实现电网安全、经济、高效供电的新型电网。其主要特点是提供满足 21 世纪用户需求的电能质量、容许各种不同发电形式的接入、启动电力市场以及资产的优化高效运行。

目前，智能电网技术主要被分为高级量测体系、高级配电运行、高级输电运行和高级资产管理这四个领域。高级量测体系主要是将系统同负荷建立起联系，通过授权给用户使其能够支持电网的运行；高级配电运行的核心目标是灾害的防治，主要是通过在线实时指挥，对出现的故障进行预防；高级输电运行则主要是起到减少大规模停运的概率以及阻塞管理；高级资产管理是通过安装在系统中的传感器，将所收集到的信息与资源管理、模拟与仿真等过程集成，从而提高电网运行的效率。

智能电网所需要的关键技术主要包含通信、量测、设备、控制、支持。

通信：建立高速、双向、实时、集成的通信系统是迈向智能电网的第一步，并且通信系统的建立使智能电网成为一个动态的、实时信息和电力交换互动的大型的基础设施。这一技术领域需要重点关注的是两方面的技术：a. 开放的通信架构，因为它形成一个电网元件之间能够进行网络化“即插即用”的通信环境；b. 统一的技术标准，即实现所有设备和系统之间无缝隙的“沟通”。

量测：在将来智能电网主要是以智能固态表计为主，这样利于电力公司与用户之间进行双向通信。该仪器不仅能记录用户不同时段的电力使用情况，而且还能传达电力公司的价格调整情况，用户可以根据这一信息来对自己的用电情况做出相应的调整。参数量测技术为电网安全、高效、经济的运行以及电力公司人员规划提供了大量的数据。

设备：电力电子技术、超导技术以及大容量储能技术将会是未来智能电网设备所应用的三大先进技术。但是采用的一些新技术必须要和其在电网所表现的特性之间寻求到新的平衡点，才能提高电能的质量。在配电系统中要引进许多新的储能设备和电源，同时要利用新的网络结构，如微电网。

控制：智能电网中分析、诊断和预测状态并确定和采取适当的措施以消除、减轻和防止供电中断和电能质量扰动的装置和算法就是先进的控制技术。但是在将来智能电网中分析和诊断的功能将会被在一定范围内采取自动控制行为的预设专家系统所取代，当然先进的控制技术也将会支持分布式智能代理软件和其他先进的应用软件。

支持：决策支持技术里面的一些动画技术、动态着色技术、虚拟现实技术以及其他数据展示技术可以帮助工作人员能够更快地认识、分析并处理一些紧急状况。例如可视化—决策支持技术将所获得数据裁剪成格式化的时间段和按技术分类且能迅速被工作人员所理解和掌握的数据，在很大程度上提高了运行人员的工作效率。

智能配电网的特点是信息量大，在线分析及应用分析及时，在很大程度上可以弥补信息交互上的缺陷。智能配电网还可以通过先进的电网快速仿真、可视化的工具盒、智能专家系统等，有效地提高生产调度人员的工作效率。在保证供电可靠性的同时，还能够为用户提供满足其特定需求的电能质量，不仅克服了以往故障重合闸、倒闸操作引起的短暂供电中断，而且消除了电压骤降、谐波、不平衡的影响，为各种高科技设备的正常运行和现代社会与经济的发展提供可靠优质的电力保障。推动相关领域的技术创新，促进装备制造和信息通信等行业的技术升级，扩大就业，促进整体社会经济可持续发展。当然智能电网在促进清洁能源的开发利用，减少温室气体排放，优化能源结构，推动低碳经济发展方面的作用也是功不可没的。

风能、太阳能等清洁能源的开发利用以生产电能的形式为主，建设坚强智能电网可以显著提高电网对清洁能源的接入、消纳和调节能力，有力推动清洁能源的发展。①智能电网应用先进的控制技术以及储能技术，完善清洁能源发电并网的技术标准，提高了清洁能源接纳能力。②智能电网合理规划大规模清洁能源基地网架结构和送端电源结构，应用特高压、柔性输电等技术，满足了大规模清洁能源电力输送的要求。③智能电网对大规模间歇性清洁能源进行合理、经济调度，提高了清洁能源生产运行的经济性。④智能化的配用电设备，能够实现对分布式能源的接纳与协调控制，实现与用户的友好互动，使用户享受新能源电力带来的便利。

坚强智能电网建设对于促进节能减排、发展低碳经济具有重要意义：①支持清洁能源机组大规模入网，加快清洁能源发展，推动我国能源结构的优化调整；②引导用户合理安排用电时段，降低高峰负荷，稳定火电机组出力，降低发电煤耗；③促进特高压、柔性输电、经济调度等先进技术的推广和应用，降低输电损失率，提高电网运行经济性；④实现电网与用户有效互动，推广智能用电技术，提高用电效率；⑤推动电动汽车的大规模应用，促进低碳经济发展，实现减排效益。

三、减碳技术创新障碍与突破路径

（一）创新障碍

现阶段减碳技术的创新发展主要存在技术、产业、政策、经济四个方面的障碍。

1. 技术领域的障碍

（1）IGCC 创新的技术障碍

IGCC 技术在发展过程中有较低的可用性和可靠性，并且在运行过程中停机时间长，这些成了阻碍其进行广泛推广的主要因素。目前世界示范电厂的可用率在 70%—80%。尽管近年来电站的可用率提高了很多，但仍大大落后于传统发电站。另外，IGCC 系统的气化装置只能在一定的负荷范围内运行，并且在启动时会影响到燃气轮机的效率。总的来说该系统的可靠性和灵活应用性还有待进一步提高。

（2）燃煤磁流体发电技术障碍

高效、环保的优点使得燃煤磁流体发电技术成为了一种发展前景非常好的发电技术。但是在进行大规模的商业推广之前，也要解决以下的技术问题。

①由于发电设备所使用材料的高温承受能力有限，一般预热的空气温度只能达到 1000 开，若要使温度达到 1400 开以上，就需要采用耐高温能力较强的陶瓷材料，但是燃烧的烟气中含有的煤渣会使材料遭受到一定程度的侵蚀。所以高温预热的材料问题必须在高温条件下系统稳定、持久的运行以及提高电极的耐热性等问题仍有待进一步的解决。

②进一步解决排渣问题，使得通道中的排渣率至少能够达到 50%—70%，以便能够保证发电通道中的电极的稳定性。

（3）燃料电池的技术障碍

①反应 / 启动性能：燃料电池的启动速度还未达到内燃机引擎的启动速度。虽然可以通过增加电极活性、提高操作温度及反应控制参数提高其反应性，但同时也必须避免一些反应的发生以免使其稳定性受损。但是通常情况下二者很难同时兼顾。

②原料无法直接利用：除甲醇外，其他的碳氢原料都必须经过一定的处理器处理后才能生产出燃料电池能够利用的纯氢气。但是这些设备往往在一定程度上增加了前期的投资成本。

③氢气的存储技术：以压缩氢气为主的 FCV 使得汽车的载运量受到限制，而且单次最大的充气量为 5—7 斤也使其续航力达不到燃油汽车单程可跑 480—650 公里的标准。虽然维持液态氢的系统已经试验成功，但是需要耗费 1/3 的电力来维持该系统，而且氢气的流失量也达高 5%。

④氢燃料的基础设施不足：虽然氢气在工业内已经具备多年的经济规模，但是全世界仅仅只存在 70 座还处于推广阶段的充氢站，并且加氢所耗费的时间过长，远远不能满足现代商业快速发展的步伐。

（4）地源热泵技术障碍

当前的地源热泵技术对于土壤的要求相对较高，在很多地区都由于土壤特性不能达到地源热泵技术应用的要求而不能实施该技术。地源热泵技术与其他技术的配合不协调，地源热泵技术是暖通空调技术与钻井技术相结合的综合技术，两者缺一不可，而目前的技术水平还不能很好地满足这一要求。

2. 产业领域的障碍

（1）现有技术的支撑系统阻碍了技术创新

现代科技的发展与更替可谓日新月异，新技术产生需要的时间越来越短，但是相关基础设施建成需要花费一定时间。通常情况下与能源技术相关设备和基础设施使用时间较长而且前期投入也较高，而新技术又难与旧设备兼容，若频繁更替基础设施会造成大量资源浪费。所以有时候即便是已经研发出更高效、更节能的新技术，政府、企业、供应商以及现有基础设施存在的正反馈系统可能会出于某一方面考虑仍然会支持现有技术。总的来说，现有技术系统在一定程度上会阻碍新技术创新。

（2）产业结构不合理

与欧美一些发达国家相比，我国第三产业在产业结构中所占比值较低，且低于世界水平 30%，很大程度上是由于工业在整个产业结构中占据了很大比值。近几年来，高耗能、高污染、高排放的电力、钢铁、化工以及建材等行业的规模并未得到很好控制，行业结构不合理使得节能减排任务进一步加重。例如在 2007 年上半年，占全国工业能耗近 70% 的钢铁、电力、石油石化、建材、化工、有色金属六大行业的增长仍然超过了 20%。虽然已经有部分产业单位增加值能耗下降幅度超过 4%，但是高耗能、高排放产业高速增长使得降低能耗减少二氧化碳排放量工作仍然面临很大压力。

3. 政策领域的障碍

（1）国家节能减排与地方经济发展的目标相悖

国家总的经济发展战略主要是以适当的经济增长速度，促进经济结构转变，实现资源、环境与经济社会的全面协调可持续的发展。但是在地方的发展中，普遍存在以 GDP 论英雄的现象，单纯追求 GDP 增长，希望能够以“跨越式”发展的政绩来赢得工业强省、工业强市荣誉。越是小城市，追求高增速的积极性和盲目性越高，而对节能减排不重视，以致出现了很多重复建设、重复生产现象。资源遭到大量浪费，一些需要改进和淘汰的高消耗、高污染设备和工艺也并未能得到很好改善，而且又诞生了大批高耗能、高污染的重化工业。有些地方政府对环保部门的环评和环保执法保持消极态度。所以地方现有经济发展模式会阻碍新型减碳技术推广。

（2）相关市场化手段和经济措施缺乏

目前，相关的市场化手段和经济措施的缺乏阻碍了减碳技术推广。推动其发展的市场化手段和经济措施主要包括税收、政府的补助与扶持、金融机构的扶持以及相应的价格形成机制等。减碳工作能够得到大力推广与政府强有力的政策和资金支持不无关系，现有的相关政策例如清洁生产、淘汰落后的设备和工艺、资源的综合利用等的力度都有待加大。资源短缺和环境污染等问题也并未反映在形成的成本与价格的机制中。

最近几年，陆陆续续出台了一些关于促进能源资源节约和保护环境的税收政策，但是对提高能源的利用率和减少二氧化碳排放的作用比较零星、分散。在促进可再生能源的发展、减排技术、产品的研发等方面的支持力度远远不够。并且，对能源耗费行为的调控大部分还只是通过收费的形式，与能源相关的财税法规基本上都是体现消费税、资源税和增值税上，这样并不利于促进节能减排工作的进展。

4. 经济领域的障碍

（1）研发资金的缺乏，成本过高

减碳技术创新与发展的过程中存在研发资金严重短缺。发达国家的研发投入是 GDP 的 2%，全球的平均水平是 1.6%，中国的研发投入与世界的平均水平存在一定的差距，只有 GDP 的 1.4%。近年来虽然政府和企业在努力推动科技的创新，但是整体的科技自主创新能力不足，这与研发单位研发资金的严重缺乏不无关系。因此国家必须加大财政投入力度，为促进减碳技术创新项目的发展提供强有力的资金保障。目前低碳技术的创新环境虽然得到了一定的好转，但是仍然存在很多没及时解决的问题。企业的成长、创新型人才的培养以及减少技术发展的阻碍并不能短时间内就取得效果，必须拥有长期的规划。

（2）缺乏长效的利益激励

缺乏动力很难促进技术创新取得重大突破。一方面，企业为了能够盈利更多，往往更加注重短期的盈利目标，很难使其损失当前的利益而投资长远的发展。如果大力推广减碳技术的发展，就必须打破原有的产业利益链，配套相应的基础设施。一系列的变化必然会带来巨大的额外成本，且企业也并不愿意替换仍然能够帮其盈利的一些设备，尽管这些是属于落后的高耗能、高排放的设备，所以对于短期盈利目标的企业而言不会花费如此巨大的成本投入技术创新。另一方面，前期投入大量的资金进行技术创新研发也存在着极大的风险，尤其对于一个充满未知数的新兴行业来说。经济发展前景具有不确定性，如果单个企业进行大量的投资将面临巨大的风险，例如未来是否能够取得可观的收益以及新的技术能不能得到广泛的推广等不确定因素会降低企业对技术创新的热情。整体需求的不成熟是不成熟行业的重要特征，而恰恰市场需求是技术创新的内在动力，另外技术创新项目取得成功后艰难的市场开拓，也会在一定程度上降低了企业进行减碳技术创新的激励。投资风险的巨大、需求的不成熟、行业发展的不确定性、技术创新的不确定性以及创新成果知识产权保护难度大等导致企业缺乏激励低碳技术创新的长效动力机制。

（二）突破路径

1. 技术领域突破路径

从各个技术在发展过程中所存在的技术障碍来看，主要是消除每个技术在运用过程中存在的不利因素，提高整体的稳定性、反应性和效率，减少二氧化碳排放的同时防止能量损失。如 IGCC 在发展过程中要提高效率减少与传统发电方式效率的差距，如果与二氧化碳捕集装置联合使用也要尽量减少热量的损失。开发出能适应不同土壤特质并能与其他技术相结合的地源热泵技术，扩大其使用范围。

2. 产业领域突破路径

（1）建立整体的技术创新系统

可以通过建立整体的技术创新系统来降低现有的技术支撑系统对新技术大力推广的阻碍，协调好政府、企业以及供应商各方面的利益，力求以最低的成本来获得最大的收益。一个比较完整的技术系统必须包含多方面的影响因素，例如企业的研发能力和承受能力、外部环境的稳定性、市场的开发潜力以及也能够使得政府、金融机构、供应商等与基础设施相关的利益群体能够通过从中获利从而大力推动相关技术的创新与发展。当然建立整体的技术创新系统也需要多方面共同努力，才能真正地达到通过技术的创新来减少二氧化碳的排放减少全球气候变暖的趋势。

（2）加快调整产业结构

调整产业结构是节能减排工作的关键之一。在工业产业发展的过程中，一方面，应逐步摆脱当地经济过度依赖资源、不可再生能源的高耗能、高污染、高排放的产业。另一方面，提高整体的行业标准，根据科学发展和节能减排的总体目标来制定相关的行业目录，以利于建设资源节约型、环境友好型的产业系统为基本的标准，从不可再生能源和自然资源的消耗，以及环境保护等其他方面制定更为严格的行业进入标准。强化整体产业发展的结构导向，大力发展低能耗、低污染、高技术含量的现代服务业和先进制造业。强制淘汰落后的工艺技术与设备，鼓励使用创新型技术对企业排放全面达到国家排放标准而地区环境质量仍超标的地区，制定和实施比国家排放标准更为严格的地方排放标准，以制止高能耗、高污染的行业占用更多的环境容量。

3. 政策领域突破路径

（1）协调国家节能减排与地方经济发展目标

地方经济的发展目标应当在国家相应的节能减排目标、经济总体规划的基础之上，结合本地区的实际发展情况来制定。政府也应根据整体经济的实际发展情况，制订相关的节能减排的专项经济结构调整计划，使得整体经济和经济结构朝着节能减排的方向去发展。同时，也应当消除在经济发展过程中存在的以GDP论英雄的现象，将经济的发展与国家整体的节能减排目标相结合，实现真正意义上的可持续发展。

（2）利用市场化手段和经济措施促进节能减排

推动减碳技术发展的市场化手段和经济措施主要包括税收、政府的补助与扶持、金融机构的扶持以及相应的价格形成机制等。政府在推动先进技术的研究与发展中，依然起到非常重要的作用。一些煤炭、冶金、电力等高能耗、高污染的行业之所以能在短时间内快速发展，一方面是由于能源的价格较低，另一方面其对人们生活环境造成的损失的外部成本并未计入企业的生产成本当中。政府可以制定相应的能源价格机制，提高煤、石油、天然气等不可再生能源的价格，使企业对环境造成的外部成本直接体现到能源的价格当中。

同时，也可以建立排污权和碳排放交易市场，从而调动企业节能减排的积极性和主动性。完善一些排污收费标准，有利于节能减排的相关财政和税收政策，进一步体现出能源的使用成本和保护环境的收益，用市场化手段和相应的经济措施来引导市场主体进行节能减排。

4. 经济领域突破路径

企业为了自身的发展，通常会更加注重短期利益。对于经济风险较大，前期投入较大并且周期较长的新型行业，积极性较低。政府可以采取相应的利益激励措施，例如企业在购买科技含量较高的清洁生产设备时，可以给予企业相应的补贴以减少其成本，政府也可以设立一些科技进步奖，鼓励企业进行自主创新。目前，我国在减碳技术方面的自主创新能力不强，一方面与我国整体的创新体系不完善有关，但是另外一方面也与国家在减碳技术上的资金投入不足有着很大的关联。政府应加大研发工作的资金投入，这样才有可能在未来全球节能减排技术的竞争中占领制高点。

四、中国减碳技术与国际水平差距

虽然在“十一五”发展过后，我国的二氧化碳排放量有所减少，减碳技术也得到了一定程度的发展，但是我国整体的减碳技术水平与国际水平仍然存在很大的差距。这里主要是对比分析 IGCC、燃料电池和超超临界发电技术目前国内外发展现状，并分析中国减碳技术与国际减碳技术存在的差距。

（一）国内减碳技术现状

1. 整体煤气化联合循环发电系统（IGCC）

我国在前几年对在 Texaco 等气化技术引进再消化吸收后，掌握了大量的设计和运行经验，同时也为我国自主研发以煤气化为源头的多联产系统技术打下了相应的基础。

五大电力公司在 2005 年联合成立公司对 IGCC 系统开始进行大规模的开发，标志着我国在 IGCC 方面的研发已进入规模性阶段。由我国首次自主设计、制造的 250 兆瓦的 IGCC 电站已经于 2012 年 11 月正式投入生产。我国现在已经掌握了相关的自主知识产权的关键技术，整体的设计理念与国外同步。在 2013 年我国也已经研发出了以 IGCC 与 CCS 为基础的新型煤炭发电技术。

2. 燃料电池

虽然我国对燃料电池的研发起步较晚，但经过近些年的发展也取得了一定的成绩。目前，我国研究的质子交换膜燃料电池已经可以实现装车，整体的技术水平已经达到或接近了世界水平。但是在 PAFC、MCFC、SOFO 等燃料电池方面的研究仍然还处于研发阶段。我国燃料电池总体的技术水平与欧美一些发达国家仍然还存在很大差距。

3. 超超临界发电技术

新一代高效一次再热技术、二次再次再热技术和更大的单机容量是未来超超临界发电技术发展的短期和长期方向。我国在新一代高效一次再热技术方面的研发尚未成熟，仍然需要依靠进口。目前我国华能自主研发的“带二次再热的700℃以上参数超超临界锅炉”技术已经通过了国家知识产权发明专利审核，填补了国内在该领域的空白。采用该技术的100万千瓦机组，供电煤耗约272克/千瓦时，比目前国内最先进技术降低约12克/千瓦时。与2011年全国火电机组平均供电煤耗相比，每台机组每年可节约标准煤58.2万吨，直接减排二氧化碳约96万吨。我国自主设计的二次再热技术也将在2015年建成并投入生产，相关的核心材料如高端耐热钢大口径厚壁无缝钢管的研发也取得了成功。

（二）国际减碳技术现状

1.IGCC

世界对于IGCC的研究源于20世纪70年代初，虽然在1972年的时候西德Kellerman电厂配置了第一套IGCC装置，但是全球第一次示范成功的是美国的Cool Water IGCC电站。Cool Water电站的成功运行，使人们对IGCC的研究跨过了理论的研究阶段，也是IGCC开始走向有效发展阶段的标志。从这次事件以后，美国、英国、荷兰等国家纷纷加大了对IGCC的研发力度，各国IGCC发展情况如下图所示。

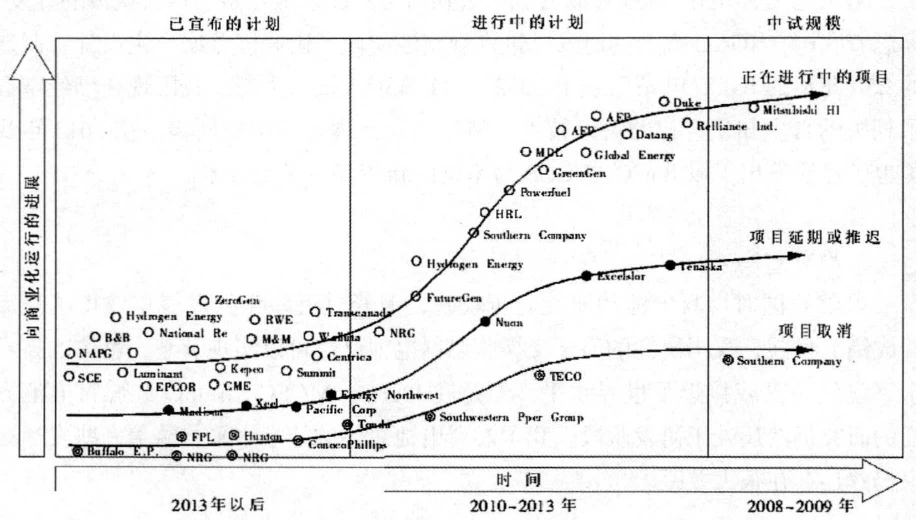

资料来源：全球IGCC项目的现状，新兴能源研究。

图4—8　各国IGCC研发计划情况

从图中可以看出，全球只有少数几个 IGCC 项目被延期或取消更多的 IGCC 发电厂将在 2013 年以后实现商业运行。该技术的整体发展趋势非常好，若一直保持这样的发展趋势，IGCC 技术将会成为未来能源技术不可或缺的重要技术之一。

美国在 IGCC 的两大核心技术煤气化和燃气机技术方面已经有了丰厚的技术累积，对相应设备的设计、制造、装配等方面的技术已基本成熟。在第一座示范电站成功运行后，美国又先后建造了 Wabash River、Tampa 以及 Pinon Pine 等示范电站。早在 2008 年，美国能源部就提出了将 CCS 与 IGCC 技术结合运用的思想，截至目前已经有大约 50 个 IGCC+CCS 规划项目在讨论中，预计在 2015 年以后 IGCC+CCS 技术将会得到突破性的发展。

经过多年的发展 IGCC 的技术已得到了很大的发展，全球现在已进入 300 兆瓦—400 兆瓦大容量机组的商业化示范阶段，第二代示范电站的运行已基本趋于成熟。现阶段，欧美等发达国家在对第二代示范电站改进的基础上，正在对高效率、零排放的第三代 IGCC 与 CCS 相结合的第三代电站进行研发。

2. 燃料电池

现已成为在 SOFC 研究方面最有权威的机构的美国的西屋电气公司，对于 SOFC 的研究与发展尤为重要。西门子—西屋公司开发出的世界第一台功率 220kW，发电效率 58% 的 SOFC 和燃气轮机混合发电站，已于 2000 年 5 月安装在美国加州大学。该公司预计未来的 SOFC 燃气轮机发电效率将达到 60%—70%。

日本、美国以及欧洲的一些发达国家已将燃料电池作为减少温室气体排放、提高能源效率的重点研究项目，并在这方面的研发也已经取得了一些实质性的进展。对于质子交换膜燃料电池（PEMFC）技术的研发已经发展到了实用的阶段，其中 2MW、4.5MW、11MW 的大型燃料电池设备已经在航天、汽车、居民等领域得到了很广泛的商业应用。氢燃料电池在汽车领域的运用也得到各大汽车制造商的重视，全球对氢燃料电池的投入的研发费用已高达 100 亿美元。日本的丰田公司预计在 2015 就可以推出示范的氢燃料电池汽车。同时，燃料电池的发展在一定程度上也促进了煤炭工业的发展，一些发达国家已经建成了煤气化燃料电池系统（IGFC）的示范工程，发电效率要比传统的发电效率高 30%—40%。国外在对将固体燃料电池 SOFC 和 MCFC 与 IGCC 联合发电的研究中发现，总的发电率可达到 54%—60%，由此可见燃料电池在未来将会是一项不可或缺的减碳技术。

3. 超超临界发电技术

经过多年的研究，国外对于超超临界发电技术的研发与推广现已经取得了阶段性的成果。丹麦研发的超超临界机组，发电效率可达到 47%，后来研发的一次在热超超临界发电技术的效率达到了 49%。美国已经投入运行的超临界机组大约有 170 台，日本的也将近 100 台。目前，欧洲已经对 700℃的超超临界技术进行了几年的研究，希望能使燃煤的发电效率提升到 55%，该技术的难题在于研发出能耐高温的材料。美国、日本也相继把 700℃的超超临界技术作为以后重点研发技术。

（三）中国与国际水平存在的差距

从以上的对比分析来看，中国的减碳技术与国际上技术存在很大的差距，因此要完成既定的减碳目标在很大程度上需要借鉴国外的技术。联合国开发计划署在北京发布的《2010 年中国人类发展报告——迈向低碳经济和社会的可持续未来》指出，中国实现未来低碳经济的目标，至少需要 60 多种骨干技术支持，而在这 60 多种技术里面有 42 种是中国目前不掌握的核心技术。这表明，对中国而言，大部分的减排核心技术需要“进口”。由此看来中国减碳技术发展任重而道远。

第五章　无碳技术

传统化石能源具有有限性，随着开采使用而枯竭且不可再生。清洁能源却具有储量的“无限性”，具有可再生、可无尽使用的特点，是替代传统化石能源的合适选择。发展无碳技术可以降低人类对传统能源依赖，解决传统化石能源枯竭所带来的各种问题，提高世界能源和经济安全。

一、无碳技术内涵与分类

（一）无碳技术内涵

无碳技术，即清洁能源技术。清洁能源是指在能源的生产与消费过程中，对生态环境低污染或完全无污染的能源。广义的清洁能源技术是指在可再生能源、新能源、煤的清洁高效利用等领域，开发的有效控制温室气体排放的新技术。狭义的清洁能源技术主要是零碳排放的可再生能源能源技术。本章所指的无碳技术主要指后者。

无碳技术具有清洁性特点。大部分清洁能源在开发利用时几乎是零排放不产生污染，这是清洁能源最有价值的地方，也是目前人类面临气候问题，所能找到最合理的解决途径。

无碳技术具有经济性特点。大多数清洁能源是不需要缴纳费用且可随地无限循环利用。从这一点出发，无碳技术必将在世界能源结构转换中成为重要的组成部分，成为理想的替代传统化石能源的新能源。

无碳技术具有普遍性特点。对比于其他传统能源来看，大多数清洁能源例如太阳能在大部分地区普遍存在且可就地取用，是不存在地域性上太大差异的。

这对于某些传统能源缺乏的国家或者能源不足的地区来说是解决能源问题非常有利的条件。

无碳技术和减碳技术都属于低碳技术。减碳技术是传统化石能源利用中注重节能减排与清洁生产，让传统化石能源能够更充分的燃烧，提高能源利用率，减低碳排放。而无碳技术是完全区别于传统化石能源的可持续性、绿色和可再生的能源，在表 5—1 中的各种能源的优劣势对比中就可以看出两者的区别。

表 5—1

序号	名称	优势	劣势
1	火力发电	技术成熟，前期成本较低。对地理环境要求低	污染大，可持续发展前景暗淡。耗能大，效率低
2	水力发电	历史悠久，后期成本很低。无污染	固定资产投资大，对地理环境要求高
3	风能发电	永不枯竭；清洁，环境效益高；装机规模可变性高	占地大；不稳定，不可控；成本很高
4	光伏发电	运行可靠，稳定性好，无污染	能量密度低，受季节气候影响
5	核能	不污染空气，运行成本低	产生放射性物质，热污染严重，建造成本太大
6	地热及其他发电	永不枯竭；清洁，环境效益好	开采成本太大

（二）无碳技术分类

无碳技术主要分为太阳能、水能、风能、核能、地热能、海洋能等各种可再生能源利用技术，主要涉及电力、交通、建筑等领域。

1. 太阳能技术

太阳能是太阳赋予地球的能量，是太阳光辐射能量。从地球上存在生物开始，生物就主要依赖太阳提供的光与热生存，人类社会对太阳索取能量利用途径主要是光能和热能技术。在传统化石燃料已经快被开采殆尽且不可再生的情况下，太阳能已成为人类使用能源的重要组成部分，并不断得到发展。现代太阳能技术一般指太阳能发电技术和光热利用技术。

2. 风能技术

风能一般定义为地球表面大量空气流动所产生的动能。因为地理地貌差异，地面受太阳辐照的不同，所以每个地方的气温变化以及空气湿度都存在差异，引起不同区域的气压差异，而按照物理原理，在水平方向，高压空气是向低压空气流动的，所以就形成了风。风能资源的决定因素是风能密度（单位迎风面积可获得风的功率）和可利用的风能年累积小时数。现阶段风能技术主要指风力发电技术。

3. 水能技术

水能一般指水体的动能、势能和压力能等能量资源，主要用途是水力发电，将水的势能和动能转化为机械能从而生产电能。现阶段水能技术主要指水能发电技术。

4. 核能技术

核能即原子能，是原子结构发生变化而释放的能量。在原子核反应中，原子核的组成部分（中子和质子）的相互关系发生变化。由于这些粒子结合的紧密程度，远远大于原子间结合的紧密程度，因此核反应中的能量变化比化学反应大几百万倍。核能通过三种核反应之一释放：核裂变（打开原子核的结合力）、核聚变（原子的粒子熔合在一起）、核衰变（自然的慢得多的释能形式）。现阶段核能技术主要指核能发电技术。

5. 地热能技术

地热能指由地壳抽取的天然热能。地球内部 80 公里到 100 公里的深度处，温度大概是 650 摄氏度至 1200 摄氏度，而地心温度却高达 7000 摄氏度，天然热能以热力形式存在于地球内部的熔岩，热力可透过地下水的流动和熔岩的形式，涌至离地面 1 公里到 5 公里的地壳，引致火山爆发及地震。地热能一般直接抽取，用于发电或供暖，这是地热能最合乎效益的使用方法。

6. 海洋能技术

海洋能是指利用海洋运动过程生产出来的能源，它是一种依附在海水中的可再生能源，包括海洋通过各种物理过程接收、储存和散发能量。这些能量包括以潮汐、波浪、温度差、盐度梯度、海流等形式引起的机械能和热能。现阶段海洋能技术主要指海洋能发电技术。

7. 生物质能技术

生物质能是以生物质（一切有生命的可以生长的有机物质，利用大气、水、土地等通过光合作用而产生的各种有机体）为载体的能量。生物质能直接或间接地来源于绿色植物的光合作用，它的原始能量来源于太阳，主要利用途径是燃烧生物质散发出的热量发电。现阶段海洋能技术主要指生物质能发电技术。

二、无碳技术重点创新领域

（一）太阳能技术

太阳能技术利用主要包括太阳能热利用、太阳能集热发电、太阳能光伏发电、太阳能制氢与太阳能建筑等方面。

1. 太阳能热利用

太阳能热利用的基本原理是通过收集来自太阳的辐射能然后转换成热能，转化成热能加以利用。现在太阳能热利用主要应用于平板型集热器、真空管集热器和聚焦集热器 3 种太阳能收集装置。

太阳能热利用还可通过温度分为低温利用、中温利用和高温利用，温度不同用途也就不同。利用太阳能技术的热水器、干燥器、蒸馏器、太阳房、温室、空调制冷系统等属于低温利用（小于 200 摄氏度）；太阳灶、太阳能热发电集热装置等属于中温利用（200 摄氏度—800 摄氏度）；高温太阳炉等属于高温利用（大于 800 摄氏度）。

（1）太阳能光热直接利用

太阳能光热直接利用，简而言之就是通过收集太阳辐射能，然后利用收集好的辐射能与物质的相互作用转换成可使用的热能。这是太阳能利用最简单的一种方式，主要以太阳能热水器这种太阳能热利用种最常见的一种装置形式体现。太阳能热水器依次经历发展了闷晒式、平板式、玻璃真空管式和热管真空管式四种形式。

（2）太阳能集热发电

太阳能集热发电，又称太阳能热力发电，其原理是利用太阳光集热器收集太阳辐射产生的高温来替代常规锅炉或者驱动发电机发电。太阳能集热发电是当今世界各国在太阳能利用方面的重点研究之一。与传统的发电厂相比，太阳能热电厂具有两大优势：一是整个发电过程清洁无污染；二是利用的是无须任何燃料成本太阳能。

目前太阳能热发电系统主要有三种类型：槽式线聚焦系统、塔式系统和碟式系统。这三种系统都是要先收集太阳光，但槽式系统是利用管状的接收器收集来自抛物柱面反射镜反射过来的太阳光，再将管内传热工质加热产生蒸气推动汽轮机发电。塔式系统是利用一个固定在塔顶部的接收器收集来自太阳的定日镜的阳光聚焦，产生高的热能加以利用。碟式系统是通过接收器接受许多镜子组成的抛物面反射镜焦点上的太阳光，接收器内的传热工质被加热到750摄氏度左右的热能驱动发动机进行发电。

运用这三种系统的太阳能热发电技术商业化程度还未达到热水器和光伏发电的水平。太阳能热发电还在商业化初期，据预测2020年前，太阳能热发电可向发展中国家推广并逐步在发达国家实现商业化。

2. 太阳能光伏发电

太阳能光伏发电的原理，简而言之就是通过利用太阳电池半导体材料的光产生伏特效应，从而将太阳光辐射能直接转换为电能，有独立运行和并网运行两种发电系统，是一种新型发电方式。其中的独立运行的光伏发电系统一般运用在无电网的边远地区和人口分散地区，需要蓄电池作为储能装置，所以整个系统造价昂贵；并网运行一般都是在有公共电网的地区，可以与电网连接并网运行，从而省去蓄电池，也可降低造价，提高发电效率和环保性能。

光伏发电系统是由太阳能电池组件、控制器和逆变器主要三大部分组成。其中，太阳能电池组件的作用是将太阳能转化为电能，或送往蓄电池中存储起来，是整个发电系统中的最核心、价值最高的部分。整个太阳能发电系统的质量和成本取决于起决定性作用的太阳电池板的质量与成本。而太阳能控制器对蓄电池起到过充电、过放电保护的作用并且控制整个系统的工作状态。合格的控制器还应具备在温差较大的地方可以自动补偿温度的功能。

太阳能电池是光伏发电系统发电之本源与基本构成。光生伏特效应或光伏效应的现象是制造太阳能电池的物理基础。其发电原理是通过接收太阳光的照射，一些特定的半导体受到太阳的辐射之后里面可产生自由电荷，这些自由电荷定向移动和积累并产生一定的电动势，可以向外电路提供电流。作为整条太阳能光伏产业链的核心，现阶段单晶硅电池、多晶硅电池、非晶硅电池、碲化镉电池、铜铟硒电池等太阳能电池是商用的主要几种类型，目前正在研究的还有多晶硅薄膜及有机太阳能电池等。但就实际应用而言，还是以单晶硅、多晶硅和非晶硅为代表的薄膜技术为主。

3. 太阳能制氢

氢干净无毒，对环境无污染，作为新能源来说优势非常大。在传统的制氢方法中，化石燃料制取的氢占全球的90%以上。化石燃料制氢主要以蒸气转化和变压吸附相结合的方法制取高纯度的氢。利用电能电解水制氢也占有一定的比例。太阳能制氢是近30—40年才发展起来的。目前，利用太阳能分解水制氢的方法主要有四种：太阳能热分解水制氢、太阳能发电电解水制氢、光催化光解水制氢、太阳能生物制氢。

4. 太阳能建筑

利用太阳能供电、供热、供冷、照明，简称太阳能综合利用建筑物，是太阳能利用的一个新的发展方向。太阳能建筑的发展大致历经了三个阶段：第一阶段为“被动式太阳房”，这种“太阳房”完全通过传统的方式应用建筑物结构、朝向、布置以及相关材料来集取、储存和分配太阳能；第二阶段为“主动式太阳房”，这种建筑主要是利用太阳能集热器与风调及供热系统；第三阶段是在前面的基础上加上太阳电池应用，为建筑物提供采暖、空调、照明和用电，完全能满足这些要求的称为“零能房屋”，其典型的利用就是光伏建筑一体化。光伏建筑一体化（BIPV）是属于分布式发电的一种，是太阳能光伏与建筑的完美结合。

巨蛋办公楼

位于印度孟买的蛋形办公楼是一座令人印象深刻的可持续建筑。它利用了被动式太阳能设计，能够通过减少热增益来调整建筑内部的温度。办公楼由太阳能电池板和屋顶的风力涡轮机提供能量，它甚至能够独立收集水分进行花园灌溉。

弗赖堡太阳能城市

居民建筑的屋顶是由设置成完美角度的光伏板构成，但是它们也可以作为一个巨大的遮阳伞。所以即使日照非常强烈的时候，下面的居民也能享受凉爽的温度。

垂直村落

迪拜以其怪异的建筑风格闻名于世，现在的最新趋势是可持续设计。很少有设计样本超越格拉夫特建筑事务所的建筑师建造的垂直村落。垂直村落设计的精髓在于，它如何在最大化收获太阳能的同时保持建筑物凉爽。

太阳城大厦

这座惊人的太阳能塔是专门为里约热内卢的2016年奥运会设计的，它将被安装在 Cotunduba 岛上，而且将成为里约热内卢的标志性建筑。它代表着里约热内卢为打造史上第一届“零碳奥运”所做出的努力。

高雄体育馆

体育馆通常都损耗大量的能量，而且通常被用作可持续建筑的反面典型。然而台湾的这座龙形体育馆是一个例外，它的电能 100% 由外侧的太阳能电池板提供。高雄的这座体育馆足以为 3300 个照明灯和 2 个巨型显示屏供电。

芝加哥太阳能大厦

建筑师为芝加哥设计的这座大厦几乎全部被太阳追踪太阳能电池板所覆盖，它们就像向日葵一样追随太阳移动。这些太阳能电池板经过了精心安置，在为建筑遮阳的同时不会影响人们的视野。

5. 太阳能的其他利用形式

太阳能除了以上几种主要利用形式外还有太阳能车、太阳能海水淡化等方面的利用。其中，太阳能海水淡化系统与现有的海水淡化系统相比有许多优点：可独立运行，不受蒸气、电力等条件限制；无污染，低能耗，低排放，运行安全，稳定可靠，应用价值突出；生产规模灵活，适应性好，投资相对较少，成本较低。

（二）风能技术

风能技术主要用于风力发电，包括陆地发电与海上发电。风能发电技术主要有水平轴风电机组技术、垂直轴风电机组技术、达里厄式风轮技术、双馈型发电机技术、马格努斯效应风轮及径流双轮效应风轮等。

1. 风能发电技术

（1）水平轴风力发电机：有两种类型，一种是升力型，一种是阻力型。而阻力型风力发电机比升力型旋转速度慢，所以一般风力发电都是采用升力型水平风力发电机。大部分水平轴风力发电机都有对风装置，所以可以随风向改变而转动改变方向。小型风力发电机的对风装置一般利用简易的尾舵，大型的风力发电机一般采用风向传感元件和伺服电机组成传动机构。

风轮位置不同的上风向与下风向风力机，上风向风力机的风轮在塔架前面，下风向风机的风轮在塔架的后面。因为水平轴风电机组具有风能转换效率高、转轴较短的特点，所以在大型风电机组上更凸显了经济性等优点，使它成为世界风电发展的主流机型，并占有 95% 以上的市场份额。

（2）垂直轴风力发电机：垂直轴风力发电机比水平轴风力发电机有一个很明显的优势是在风向改变的时候无须对风，这样不仅结构设计简化，也减少了风轮对风时的陀螺力。但这种风力发电机也有其他缺点，转轴过长、风能转换效率不高，启动、停机和变桨困难等问题致使市场份额很小、应用数量有限。但由于它的全风向对风和变速装置及发电机可以置于风轮下方（或地面）等优点，近年来，国际上的相关研究和开发也在不断进行并取得一定进展。

（3）达里厄式风轮：达里厄式风轮实质上是一种升力装置，弯曲叶片的剖面是翼形。这种风轮的启动力矩低、尖速比高。在限定的风轮重量和成本的情况下，可以产生相对高的功率输出。达里厄式风轮的设计有单叶片，双叶片，三叶片或者多叶片的 Φ 型、Δ 型、Y 型和 H 型等多种达里厄式风力发电机。

（4）双馈型发电机：双馈型感应发电机（Double-Fed Induction Generator）这种结构类似于异步发电机的发电机在励磁双馈发电机采用交流励磁。这种技术从励磁系统入手，对励磁电流进行合理的控制，然后达到可以输出一个恒频电能。克服了过分依赖有限容量的蓄电池的情况。随着各方面技术的发展与成熟，这种优势使这种机型在风能发电领域的应用也越来越广泛。虽然，双馈型感应发电机的部分理论还在完善当中，但是这种发电机的广泛应用将会是未来的发展趋势。

（5）马格努斯效应风轮：马格努斯效应风轮这种机型是由自旋的圆柱体组成，当在气流中工作时，产生的移动力是由于马格努斯效应（当一个旋转物体的旋转角速度矢量与物体飞行速度矢量不重合时，在与旋转角速度矢量和平动速度矢量组成的平面相垂直的方向上将产生一个横向力使物体飞行轨迹发生偏转的现象）引起的，所产生的移动力大小与风速成正比。

（6）径流双轮效应风轮：径流双轮效应风轮是一种径流式的双轮结构，这种风轮直接利用风的推力旋转工作。这种风轮设计为双轮结构并同步运转，双轮的外缘线速度可以高于风速，双轮结构的这种互相助力，主动利用风力的特质产生了“双轮效应”，是一种新型风能转化方式。这种双轮风机具有的设计简单又很便捷，转数低、重心矮、安全性好、运行成本低，制造加工比较容易，维护也容易，不同于其他风轮，拥有无噪音污染等明显特点，可以广泛应用，适应节能减排的大趋势，很有市场前景。

2. 海上风电技术

海上风电与陆上风电相比，在发电稳定性、电网接入便利性、土地节省等多方面均比较优秀，海上风电产业的发展具有较大潜力，逐渐成为主流发展方向。

目前海上风电发电量是陆上风电场的1.4倍，但是造价是陆地风电场的1.7—2倍，虽然建设海上风电经济性仍不如陆地风电，但随着技术不断发展与成熟，海上风电的成本会不断降低，其经济性也会逐渐显示出来。截至2010年底，全球已建成43个海上风电场，安装了1339台风电机组，总容量366.6万千瓦，海上风电正在成为全球风电开发领域的趋势。

（三）水能技术

目前，水能技术利用主要是利用水力发电。而水力发电利用的水能主要是蕴藏于水体中的位能。利用水体中的位能可以兴建不同类型的水电站实现将水能转换成电能。完整的水电站包括一系列建筑物和设备组成的工程措施，建筑物主要用来集中河流水道中水流的落差，形成水头，并将水流汇集进水库、调节天然水流的流量；基本设备是水轮发电机组。其发电原理是让水流通过水电站引水建筑物进入水轮机时，水轮机受水流推动的力而转动，这样水能就能转化为机械能；水轮机带动的机械能就带动发电机生产电力，机械能就转换为电能。水能为自然界的可再生性能源，河流水道里的水可随着水文循环重复再生，是非常有利的可再生清洁能源。水力发电与传统燃煤电站相比，最大的区别是在运行中不消耗燃料，所以水电站相比较传统燃煤电站运行管理费和发电成本要低，经济性高。

（四）核能技术

核能现阶段主要也是用以发电。核能发电方式的基本原理与火力发电一样都是利用热能发电，不同的是火力发电的燃料是传统化石能源，而核能的燃料是核燃料，核裂变能代替矿物燃料的化学能，核反应堆及蒸汽发生器代替了火力发电的锅炉。

核能发电的原理是利用铀燃料（核反应释放出的热量较燃烧化石燃料释放出的能量要高很多，相差百万倍）进行核分裂连锁反应产生的热，将水加热成高温高压，然后利用产生的水蒸气推动蒸汽轮机并带动发电机进行发电。因为核反应释放出的热量较燃烧化石燃料所放出的能量要高很多，所以需要的燃料体积比火力发电小很多。

（五）地热能技术

1. 地热发电

高温地热资源的最佳利用方式是地热发电。200 摄氏度—400 摄氏度的地热可以直接用来发电，即把蒸气田中的干蒸气直接引入汽轮发电机组发电的蒸气型地热发电。这种发电方式最为简单，但在这种利用方式里引入发电机组前应把蒸气中所含的岩屑和水滴分离出去。而且干蒸气地热资源十分有限，开采难度（大多存在于较深的地层中），所以这种利用方式发展有很多限制。

2. 地热供暖

用煤炭、石油、天然气的高品位能量烧锅炉变成低品位的热水来供暖是一种能源浪费，而且带来严重的空气污染。地热供暖是对低温地热资源（小于 90℃）中的温度较高者的最佳利用方式。

（1）常规地热供暖：冰岛利用 90℃以上的地下热水，实现了首都雷克雅未克 100% 地热供暖和全国 90% 的地热供暖，是地热供暖的典范，也是世界唯一的无烟城市。天津的地热供暖面积占全国的 70% 以上，天津市地下富含 80℃的地热资源，地下热水可直接送入暖气片系统供暖，单井一昼夜出热水 2000 立方米以上，可供 10 万平方米建筑面积采暖。经初次循环后地下热水温度降至 40 摄氏度—48 摄氏度，还可用于地板供暖，可再扩大供暖 2 万—4 万平方米。

（2）地源热泵供暖：天津将地板供暖的地热二次回水（30 摄氏度—35 摄氏度），再用热泵提取热量，单井还可扩大供暖 5 万—6 万平方米。

（3）地热温室种植：利用地热对温室供暖，甚至用 30 摄氏度左右的温水对土壤加温，就可以实施地热温室种植，在冬季生产反季节的高档新鲜蔬菜，在北方的地热温室中可以生产香蕉、柑橘，还可以生产高档花卉，满足宾馆、旅游业和人民生活水平提高后的消费需求，创造很高的经济效益。

（4）地热水产养殖：地热水产养殖的优势是：延长年内的养殖时间，并且特种鱼类可以高密度养殖，能提高单位水面积的成鱼产量。

（六）海洋能技术

海洋能是存在于海水中的可再生能源。海洋不仅面积巨大且资源丰富，还蕴藏着巨大的能量。海洋通过各种自然现象（潮汐、波浪、温度差、盐度梯度、海流等形式）的物理过程接收、储存和散发能量。

1. 潮汐能发电

潮汐能的主要利用方式是发电。月球公转对地球的引力产生变化从而导致潮汐的产生，这种潮汐现象引起了海平面周期性有规律的升降活动，而潮汐能就是因为这种海水涨落活动产生的能量。简单来说，潮汐能发电原理就是利用潮水流动的能量推动机组产生机械能。随着潮汐能发电的兴起，其应用也越来越广泛，据世界动力会议估计，到2020年，全世界潮汐发电量将达到1000亿千瓦到3000亿千瓦。

2. 波浪能发电

波浪是在风的作用下产生的海洋表面海水运动产生的动能和势能。波浪是以位能和动能为体现形式，由短周期波储存的机械能。波浪发电是目前波浪能利用的主要方式，但由于波浪能是海洋能源中能源最不稳定的形态，所以利用难度较大。波浪的能量与波浪的高度与体积、波浪的运动周期以及迎波面的宽度有关，一般是呈正比的。波浪能的利用还可以用于抽水、供热、海水淡化及制氢等。

3. 海水温差能发电

温差能是指由于大洋表层海水和深层海水之间水温差而产生的热能。温差能的主要利用方式是发电。利用蒸发器借助表面海水的热量使沸点只有33摄氏度氨水混合液沸腾，蒸气带动涡轮机，氨蒸气会被深海水冷却，重新变成液体，在这过程中产生电力。

4. 海水渗透能

江河里流动的是淡水，而海洋却是咸水，两者存在一定的浓度差。海水渗透能是因为海水中盐的浓度高，而流入海水的江河水中盐的浓度低，盐浓度低的江河水会流向盐浓度高的海水从而产生渗透压。所以如果在入海口放置一个涡轮发电机，江河水流入海水时的渗透压就可以推动涡轮机来发电。渗透能是海洋能中能量密度最大分布也很广的一种可再生能源。

（七）生物质能技术

生物质能的利用主要有直接燃烧、热化学转换和生物化学转换三种途径。生物质的直接燃烧在今后相当长的时间内仍将是我国生物质能利用的主要方式。

1. 生物质直接燃烧

生物质的直接燃烧就是通过燃烧生物质获得热能，它和固化成型技术的研究开发主要是专用燃烧设备的设计和生物质成型物的应用的开发。现已成功开发的成型技术可分为三类：内压滚筒颗粒状成型技术和设备（美国开发研究）、螺旋挤压生产棒状成型物技术（日本开发研究）以及活塞式挤压制的圆柱块状成型技术（欧洲各国合作开发研究）。

2. 生物质气化

生物质气化技术是将固体生物质置于气化炉内加热，同时通入空气、氧气或水蒸气，来产生品位较高的可燃气体。它的特点是气化率可达 70% 以上，热效率也可达 85%。生物质气化生成的可燃气经过处理可用于合成、取暖、发电等不同用途。这对于生物质原料丰富的偏远山区意义十分重大，不仅能改变那里的生活质量，而且也能够提高用能效率，节约能源。

3. 液体生物燃料

液体生物燃料就是由生物质制成的液体燃料。生物燃料主要包括生物乙醇（国际上广泛应用）、生物丁醇、生物柴油、生物甲醇等。虽然利用生物质制成液体燃料这项技术由来已久，但因为世界传统化石燃料如石油资源、价格的影响发展却比较缓慢，从20世纪70年代以来，许多国家又开始重视生物燃料的发展，并在技术的开发与应用上取得了显著的成效。

4. 沼气

沼气的主要成分甲烷，是类似于天然气的无色无味气体，是一种理想的气体燃料，与适量空气混合后即可轻易燃烧。沼气是各种有机物质在隔绝空气的条件下，在适宜的温度、湿度等因素的影响下，经过微生物的发酵作用产生的一种可燃烧气体。据研究，沼气目前可通过发电和燃料电池等途径利用。

三、无碳技术创新障碍与突破路径

由于不可再生的性质，随着传统化石能源逐渐耗尽，人类必须寻找到新的替代能源。清洁能源是我们已知最合理的替代能源。但是，大部分清洁能源技术都处于开发研究阶段，在技术的创新和应用上也有很多难关和阻碍，限制了清洁能源的广泛利用。

（一）创新障碍

1. 太阳能技术创新障碍

（1）自然环境的制约。一是太阳能具有分散性，太阳能量巨大，散发出来的辐射总量很大，但是到达地球表面的能流密度却不是很高。一般情况下，在垂直于太阳光方向1平方米，接收到的太阳能（按全年日夜平均）约有200瓦，在太阳运行到近日点且天气晴朗的夏季，北回归线接收到的太阳能约有1000瓦。二是太阳能具有不稳定性，受到昼夜以及季节的影响，太阳辐照度到达某一地面时是间断的，这些因素不同变化的同时，位置和海拔高度及纬度等自然条件、气象随机（晴、阴、云、雨等）的因素也会造成极大的影响，太阳辐照度不稳定。太阳能分散性和不稳定性，对太阳能的收集设备和转换设备要求很高，一般占地面积较大且造价较高。

（2）技术开发瓶颈。太阳辐照的不稳定，使太阳能的大规模应用有一定的难度。尽快解决太阳能储能问题是使太阳能成为有效和稳定能源的关键问题。如何把白天的高能流密度太阳辐射能收集并且贮存起来的蓄能问题是太阳能利用中的技术瓶颈。

以太阳能电池为例，市场上大量应用的单晶与多晶硅的太阳能电池平均效率约在15%上下，这表明太阳能电池将入射太阳光能转换成可用电能只有15%，另外的85%都成为不能利用的热能。所以目前技术下的太阳能电池，从严格意义来讲是一种“能源浪费”。理论上只要能通过技术手段，有效地抑制太阳电池内载子和声子的能量交换，有效地抑制载子能带内或能带间的能量释放，就可以提高太阳能电池的转换率，避免太阳能电池内无用热能的产生。而这种理论构想，需要用不同的方法在实际的技术研究上进行突破来实现。

（3）政治经济阻力。太阳能开发利用从20世纪70年代掀起热潮，但是在80年代，世界上许多国家特别是美国，不再重视太阳能利用技术开发，相继大幅度削减太阳能研究经费。当时主要有三点原因导致这种现象的出现：一是太阳能产品价格一直很高，随着传统石油价格大幅下降逐渐开始缺乏市场竞争力；二是太阳能技术在技术的革新上一直没有实质性的突破，提高效率和降低成本的目标一直没有成功实现；三是发展较快的核能对太阳能的发展产生了一定程度上的抑制与影响。

中国太阳能研究工作也受到一定程度的影响，低谷期还有人主张外国研究成功后中国引进技术。认为太阳能利用投资大、效果差、贮能难、占地广，只能是未来能源。所幸的是，虽然经费被大幅削减，但研究工作还是在继续，而且经此之后也促使人们迫切地从实际出发，认真地去审视以往的研究，及时调整计划和目标以及研究工作的重点。

2. 风力发电技术创新障碍

（1）自然环境制约。一是地球大部分风力是不连续、间歇的，而某些地区在电力需求较高的夏季及白日、正好是风力较少的时段，现有比较好的解决方法是利用压缩空气等储能技术发展来配合。二是风力发电场需要占用大面积土地，才可以兴建起风力发电机，生产比较多的风能电。三是风力发电机在进行工作时会发出庞大的噪音，只能建在一些空旷的、远离生活区的地方。四是风力发电也在很多方面影响环境。在生态上的问题是可能干扰鸟类，据地域性的研究，美国堪萨斯州当地的松鸡在风车出现之后渐渐消失。

（2）技术开发瓶颈。风能的不连续性和不稳定性决定了风能储能技术的重要。没有风就无法发电，风速不稳定，产生的能量大小同样不稳定；由于地理位置的差异，风能的利用很大程度上受到了限制，只有在某些特定区域如在地势比较开阔，障碍物较少的地方或地势较高的地方适合用风力发电。用户用多少电就得发多少电，多余的电如果输送不出去就没办法存储。因此，同太阳能技术一样，储能也是电力发展的薄弱环节。

（3）政治经济阻力。就以我国风力市场来说，我国的风力资源的地理分布与电力消耗地理分布很不匹配，西北、东北、华北地区有着丰富的风力资源，但是沿海等经济发达地区才是电力消耗主要的负载区。近些年的西北、东北、华北地区的风电就地消耗能力有限，电网送出能力无法达到与发电量相符合的水平，严重不平衡，在这些地区“弃风”现象开始凸显。根据 2012 年 9 月发布的《中国风电发展报告 2012》的数据我们可以得知，2011 年全国弃风超过 100 亿千瓦时，弃风比例超过 12%（等同于 330 万吨标准煤的损失）。风电企业因为限电弃风损失达 50 亿元以上，差不多占到风电行业盈利水平的一半。

一方面，风机大规模地建立，同时电网基础设备没能及时建设，没办法将电力保存与输送，部分风场会被强制限制发电量。据资料显示，从 2009 年开始限电，到去年可以说达到了近年来的一个高峰，实际的弃风比例可能比报道的要高得多。

另一方面，还有很多阻力来自传统火电项目背后的利益链条。火电在与风电的竞争中肯定会受到挤压。《可再生能源法》中明确规定了不能把精力过多放在传统化石能源发电上，要鼓励并扶持新型可再生能源发电作为一项基本国策，发展新型清洁能源节能减排是必须坚决恪守的原则。但情况却是相反的，实际上风电没有办法行使《可再生能源法》所赋予的全额保障性收购的权利，有时甚至还要为传统火电厂的计划电量让步。

3. 水力发电技术创新障碍

（1）自然环境制约。在水能的应用上，障碍也凸显在水力发电对自然环境的影响上。水库因为需要水体的落差而形成对地表的巨大压力，地表活动激烈时甚至会诱发地震。除此之外，随意地截断河流干道可能会引起流域水文上（如下游水位降低或来自上游的泥沙减少）的改变。水库使用时，水库周围的气候也会受一定程度的影响。

水库建成后也会对陆生动物产生影响，可能会造成大量的野生动植物（例如我国长江里的白鳍豚等）被淹没死亡或灭绝。水库使用时，由于上游生态环境的改变，会使鱼类受到影响，还有可能导致灭绝或种群数量减少。如长江流域大型水利工程的建设等因素，严重影响了中华鲟的洄游路线和繁殖场所，使之种群数量急剧减少，并濒临灭绝危险。另一方面，流入和流出水库的水在颜色和气味等物理化学性质方面也会受影响发生改变，水体的二氧化碳含量明显增加，水库中各层水的密度、温度，甚至溶解度等会有所不同，进而发生变化。

（2）技术开发瓶颈。水电建设面临着复杂的自然条件，当地复杂的地理环境、深埋长隧洞和巨型洞群、高边坡、高水头特大流量泄洪消能和高速水流、河流与水库泥沙以及高地震烈度这些不利的自然条件。不仅如此，还有对技术条件的巨大考验，如高坝与特高坝结构、特高的大型通航建筑物、大型和特大型（特高水头）水轮发电机组等。再者，在 21 世纪，人们也越来越重视环境保护、生态保护等方面的问题。这样，对技术的要求会大幅提高，会遇到更多其他方面的难题。处在还在开发阶段的我国今后遇到的技术问题，其难度将超过水电资源已基本开发完毕的发达国家。

（3）政治经济阻力。我国水电建设在政治经济上存在着很多问题。我国水电建设的能源政策、电力政策、水能资源开发利用规划等方面管理分散不集中。国家计委、国家经贸委、国家电力公司、水利部等多部门均有一定程度的职能与监管权力，但分工不明确，缺乏统一的、有力的管理领导和执行力。我国政府已明确制定了可持续发展的国策，但在能源领域执行贯彻得还十分欠缺，且很多地方存在很多违规小型水电发电站，由于没有统一管理缺乏合理利用，导致这些水电站利用率低、经济性低也对当地环境造成很大破坏。

4. 核能发电技术创新障碍

（1）自然环境制约。核能虽然高效，但是威力却过于巨大，能量难以控制。

对于安全技术上的要求非常高。核事故的定义是：在核设施（例如核电厂）内发生了意外情况，导致放射性物质外泄，致使工作人员和公众受超过或等同于规定限值的照射。一旦发生核泄漏事故，放射性物质不仅对人对周围的环境破坏是非常大的，还会对土地及生物造成影响，且这种影响不是短时间可以恢复和消除的。核电站的地址选择要求也非常高，阻断污染，远离人群。核事故的严重程度范围非常之大，所以为了有一个统一的判断标准，国际上把核设施内发生的有安全意义的事件分为七个等级。

（2）技术开发瓶颈。在技术开发上的瓶颈，主要就是核安全与核废料处理两个方面。对于核废料的处理，各国也采取了很多措施来处理这个难题，但效果却不很理想。值得一提的是法国的废料处理方法。与其把废料储存起来、埋到地底或水下，不如使用先进的技术回收这些核废料。法国人在诺曼底海岸建成了一座大规模的工厂，对核废料进行循环回收利用。法国所有的核废料都会被运送到此置于水池之中。经过 2 年后，等这些物质冷却下来后技术人员就再利用它们生产新燃料。这一循环利用的过程大大减少了核废料的数量。但这也有其缺点，循环利用会生成副产品——高浓度的钚可用于制造核武器。这些钚一旦不慎落入不法分子手中，将会对公众安全造成极大威胁。

（3）政治经济阻力。兴建核电厂的话题一直很敏感，不论在哪个地方都很容易引发民众的反对与政治歧见纷争。这也是因为核燃料威力巨大很难控制。核电厂的反应器内有大量的放射性物质，如果在利用的途中无法控制或处理不当，就会引发泄漏事故，导致放射性物质释放到外界，对生态及民众造成伤害，而且一旦造成污染就很难治理。所以发展核电，一般不被民众接受。

5. 生物质能技术创新障碍

（1）自然环境制约。生物质资源分散，收集手段比较落后，且生物质能原料多在非城镇的技术水平不高的农村，生物质能相对比起其他能源利用率不高，利用方式比较复杂多样且规模很小，对于运输工具、人力成本的要求又很高。国际上通行的高效清洁地利用生物质能源的主要技术方式是集中发电和供热。但是，这些技术需要具有一定的规模，才能产生经济效益。所以生物质能技术产业化进程缓慢，生物质能源高新技术的规模化和商业化利用也非常不成熟。

（2）技术开发瓶颈。生物质能的技术投入还很小，市场环境和保障机制不够完善。生物质能利用装备技术含量低，多是一些最基础的燃烧利用技术，一些关键技术研发进展不大。例如二次污染问题厌氧消化产气率低的问题、设备与管理自动化程度较差以及气化利用中焦油问题。这些关键技术的缺失是技术开发上最大的瓶颈。

（3）政治经济阻力。

一方面对于这项技术的认识不够，技术部门因缺少资金，无法进行技术研发与规模化生产。另一方面企业有意拉长新技术向市场投放的周期，以尽可能多地回收技术成本。缺少相对应的政策扶持。因为资金不足和政策的缺失而导致的技术得不到发展更新，一旦有国际上的新技术投放市场，我国企业就会面临着效率低下，难以维持的局面。在国际上很多国家都有长足发展的生物燃料乙醇方面，我国缺乏明确的发展目标，同时也没有连续稳定的市场需求，缺乏相应的专门扶持生物质能源发展，鼓励生产和消费生物质能的政策。所以生物质能技术竞争能力弱。

（二）突破途径

1. 资金扶持

国家扶持无碳技术发展最有力的支持是进一步制定有利于其发展的政策。利用新型清洁能源代替传统化石能源是势在必行的，也是一项具有深远意义的举措。目前，无碳技术在我国大多数还处于发展的初期，产业不多、规模小且获益能力低，所以市场竞争力也很弱。因此，国家宏观调控政策的保护是至关重要的。

首先，要以长远的利益为出发点，资金的投入与支持对于技术的发展与应用来说是至关重要的，所以要增加对无碳技术的科研的财政资助，并对其对技术产品的研制和开发增大投资力度，保证及时的重要资金投入并确保资金分配合理、充分利用，加速能源技术的突破和系统开发的过程。国家计委、国家科委和国家经贸委与财政、金融、税务等相关部门应在最大限度内，在符合我国新能源和可再生能源发展大纲与规划目标的前提下制定相应的财政、投资、信贷、税收和价格等方面的优惠政策。各部门还应具体情况具体分析，细致地研究各种技术类型和特点以及现状与发展前景，然后制定比常规能源发展更详细更有利更符合清洁能源本身特质的投资政策。

再者，政策的制定也很重要，减免税收、价格补贴和奖励政策的制定可帮助无碳技术的产品加速进入市场并提高竞争力，最终凭借自身拥有的发展潜力与应用后带来的益处，确立应有的市场地位并占有相应的市场份额。同时要根据具体情况加大信贷规模，提供低息贷款用以支持，提供长期的低利率贷款以此提升新能源和可再生能源与传统常规能源的竞争力。还应加强相关技术基础知识的宣传普及，让大家认识到这个问题的重要性然后积极调动授资热情，积极采取措施寻求资金投入，并频繁地用事实展现使用效果。

还有，我国的无碳技术发展与国际领先水平还是存在一定差距的，所以要积极开展国际合作，引进国际先进技术和资金，缩小国内外技术差距。无碳技术开发利用是当今国际上备受瞩目的热点问题，要注意其国外发展动向，继续坚持自主开发与学习国外先进技术相结合的技术路线，积极开展对国外先进技术的学习交流以及合作。结合国外先进技术、拓宽合作领域、加强与国际相关组织和机构的联系合作并积极学习借鉴，使我国新型清洁技术在高起点的基础上发展。

2. 研究开发核心技术、加强产业化建设

例如在太阳能电池板方面，研究超高效率太阳能电池（第三代太阳能电池）的技术，除了运用新颖的元件结构设计用以尝试突破其物理限制外，还有可能因为新材料的发展与运用，而达到大幅增加转换效率的目标。虽然大部分薄膜太阳能电池包括非晶硅太阳能电池，CdTe 和 CIGS（Copper Indium Gallium Selenide）电池转换效率仍无法与晶硅太阳电池抗衡，但是因为制造成本较低仍然使其在市场有一定份额，且未来市场占有率还将持续增长。

另一方面应研发与应用并行。应加强新能源和可再生能源的科研和试用。经验来自于实践，只有通过试用才能找到不足之处加以改进。把主要精力放在优先发展项目上，同时也要加强科研与产业化的衔接，促进科研成果快速转变为生产力也同样重要。在这个过程中就可以把基本成熟的技术快速定型，加快科研成果的实际应用。同时应鼓励企业打破地区界限横向交流合作，交换经验、组织专业化生产。相关部门要有计划、有步骤地在投资、价格和税收等方面对新能源领头企业的发展予以支持，助其提高技术质量，降低生产成本，继而建立有规模生产能力的产业体系。

四、中国无碳技术与国际水平差距

中国的无碳技术起步较晚，虽然在近些年已经引起重视，新型技术和相关产业都快速发展起来，但是在一些先进技术的开发和应用上面与世界上的先进水平还是存在很大的差距。国外的很多技术政策方面还是有很多地方需要我们学习和借鉴的。本节内容主要从各个技术具体分析国内外技术利用的现状。

（一）太阳能光热直接利用国内外差距

现阶段，全世界范围内的太阳能热水器技术已很成熟，国外的太阳能热水器很早就发展起来，其产品已经经历了闷晒式、平板式、全玻璃真空管式的发展，在国外技术利用上也有其不同的特点，其产品的发展方向一直是注重提高集热器的效率，例如将透明隔热材料应用于集热器的盖板与吸热间的隔层，以减少热量损失。

我国是世界上太阳能热水器生产量和销售量最大的国家。目前，我国太阳能热水器的研制、生产、销售和安装等各领域的企业多达一千多家，年产值达20亿元。但事实上我国人口基数大，热水器安装率并不算高，只有千分之几左右，太阳能热水器市场潜力巨大，推广及应用也很有前景。

（二）太阳能热电技术国内外差距

据资料显示，美国加州的九座太阳能热发电站完全体现了槽式热发电技术的发展过程与状况。2013年只有槽式发电系统实现了商业化。美国加州在20世纪80年代10年间的Mojave沙漠相继建成了九座槽式太阳能热发电站，总装机容量353.8兆瓦（最小的一座装机14兆瓦，最大的一座装机80兆瓦），总投资额10亿美元，年发电总量为8亿千瓦时。塔式太阳能热发电技术的体现是目前美国巴斯托建的一座叫“Solar Ⅱ”功率为43兆瓦的电站，该技术也是集中供电的一种适用技术，电站成功运行两年后，两家美国电力公司计划建立两座功率为100兆瓦的电站。

相比国外对槽式太阳能热发电技术（材料、设计、工艺及理论方面）长达20多年的研究，中国太阳能热发电技术起步非常晚。大力发展槽式太阳能热发电是我国当前阶段比较符合国内产业发展的方向。我国太阳能热发电真空管的技术已经趋于成熟，已经拥有国际领先水平，玻璃热弯与镀银技术方面也掌握了核心技术，槽式热发电的也有了产业基础。很多国内外项目（其中由德州华园新能源应用技术研究所掌握核心技术参与的，包括国内外数个热发电站依照规格合计可达900兆瓦）也成功实施，必将为我国其他地区实施太阳能热发电站提供成功经验。

（三）太阳能光伏技术国内外差距

日、美、德等发达国家纷纷制订发展计划与鼓励政策推动太阳能光伏产业的发展。日本是世界光伏产业第一大国，美国、荷兰等国都提出了“百万个太阳能光伏屋顶计划”，在德国，光伏发电上网电价得到了高于常规能源上网电价的政策扶持。随着发展与需求未来世界光伏市场需求量将进一步增加，大规模制造技术也逐步发展，世界光伏产业会得到比较快速的发展。光伏电池产量今年来快速增加，1995 年到 2005 年从 78.6 兆瓦增加到 1727 兆瓦，年均增幅高达 32.4%。据估计，未来 15 年世界光伏生产规模将保持年均 20% 以上的增长。

中国对太阳能电池的研究开发工作也给予了高度的重视。国家发改委、科技部早在 2003 年 10 月，就制订出五年太阳能资源开发计划，同时还制定了筹资 100 亿元的“光明工程”用以支持发展与支持太阳能发电技术的推广与应用。通过大力发展，中国现在已成为世界上光伏产品最大制造国。《新能源振兴规划》预计到 2015 年全国太阳能发电系统总装机容量能达到 300 兆瓦，规划 2020 年中国光伏发电的装机容量达到 20 吉瓦。

（四）风能发电技术国内外差距

近年来，世界风电市场上风电机组的单机容量持续增大，变桨变速、功率调节技术发展迅速。变桨距功率调节方式在大型风电机组上得到了大规模运用，是因为它具有载荷控制平稳、安全和高效等优点。同时，直驱式、全功率变流技术以及无齿轮箱的直驱方式也得到快速发展且市场份额不断扩大。

自 20 世纪 90 年代以来，风力发电装机容量快速增长。据世界风能协会（CWEC）的统计，目前风电供应量约占全世界电力的 2%，欧盟（EU）风电供应平均约占总量的 5%，据预计，到 2020 年全球风电供应量将占电力供应总量的 12%。全球风力发电开发状况按地域划分，欧洲为 44.3%、亚洲为 30.2%、北美为 22.7%，这三个地区就共占世界风力发电的 97.2%。近年来亚洲大陆的开发进程发展飞速，在 2009 年时亚洲还与北美水平相当，但 2010 年就已经大幅地超过北美。如若按国家划分，风力发电装机容量中国居第一位，大约占 21.75%，其次是美国占约 20.67%、再者德国占 14% 左右、西班牙约占 10.64%、印度约占 6.72% 等。

表 5—2　2010 年按国家与企业分风电装机容量分布

排名	国家	装机容量（兆瓦）	企业	占全球装机比例（%）
1	中国	42287	Vestas（丹麦）	14.8
2	美国	40180	华锐风电（中）	11.1
3	德国	27214	Gewind（美）	9.6

续表

排名	国家	装机容量（兆瓦）	企业	占全球装机比例（%）
4	西班牙	20676	金属科技（中）	9.5
5	印度	13065	Enercon（德）	7.2
6	法国	5660	Suzulon 能源（印度）	6.9
7	英国	5204	东方电气（中）	6.7
8	加拿大	4009	Gamesa（西班牙）	6.6
9	丹麦	3752	Siemens（德）	5.9
10	葡萄牙	3702	国电联动（中）	4.2
11	其他	28641	其他	17.5

注：国家数据源自“日本能源学会誌，2011.90（8）：765”；企业数据源自“ENECO，2011.44（10）：34”；两组数据存在差异。

但我国海上风电产业发展落后，海上风力资源的应用非常少。从已建成的风力发电厂的具体情况看，一半左右是沿海地区的陆上风电厂。2009 年之前我国没有一座建立在海上的风力发电厂，直到 2010 年才有了总装机容量 102 兆瓦，年上网电量 2.6×108 千瓦时的上海东海大桥海上风电厂。这对于中国风能协会估算的在我国离海岸线 100 公里、中心高度 100 米范围内 7 米 / 秒以上风力所拥有的潜在发电量为年均 110×1012 千瓦时这巨大的开发潜力来说是严重的资源浪费。

（五）国内外水力发电差距

水电是世界的主要能源之一，提供了全球大约 1/5 的电力，在可再生能源发电量中占 95%，相对于其他能源，33% 的水电资源已得到开发，其余未开发水电资源 90% 在发展中国家里。水电的价格非常便宜，而且水能是可持续的，因此它对于解决气候问题和能源供应问题，特别是对于经济转型中的发展中国家来说是非常重要的。

全世界的可开发水力资源分布非常不均匀，每个国家和地区的开发程度差异也很大。世界上单机容量最大的水轮发电机组在美国的大古力水电站和巴西的伊泰普水电站里（达 70 万千瓦），世界上已建最大水电站为在巴西和巴拉圭两国界河巴拉那河上的伊泰普水电站（1260 万千瓦），全世界水力资源总值大概为 22.62 亿千瓦。

中国的水能资源可开发装机容量高达 5.42 亿千瓦，经济可开发装机容量也有 4.02 亿千瓦。作为世界上水力资源最为丰富的国家来说，水力发电技术较高，开发潜力巨大。中国也是目前世界上水电利用最多的国家，总装机容量为 117000 兆瓦，年发电量可达 401200 吉瓦时，三峡水电站为世界上最大的水电站。云南省的华能小湾水电站四号机组（装机 70 万千瓦）作为有史以来单项投资最大的工程项目在 2010 年 8 月 25 日正式开启发电，我国水力发电总装机容量一跃成为世界第一。

（六）国内外核能利用差距

国际核电企业是以日本富士财团的日立—美国通用、日本三井财团的东芝—美国西屋、日本三菱财团的三菱重工—法国阿海珐三足鼎立。日本因其对核电的迫切需要，在核电技术和市场的垄断雏形已经出现。

日益严重的能源危机、环境危机，使得核电作为替代传统化石能源的清洁能源的优势又重新变得重要起来，核能在世界未来的低碳能源中将扮演重要角色。核电技术的研发已经过了很多年实践与改进，核电的安全可靠性也得到了很大的提高，美国、欧洲、日本等核电技术较为成熟的国家开发的先进轻水堆核电站，也就是“第三代”核电站技术已趋于成熟，有的已投入商运或即将立项。核电作为安全可靠、技术成熟的清洁能源，并且，核电作为当前唯一可大规模替代化石燃料的清洁能源，越来越受到全球能源市场的重视。

目前，全球有三十多个国家和地区拥有核力发电站，据国际原子能机构（IAEA）统计的数据显示，到 2012 年 12 月止全世界已有 437 台核电机组投入运用，总装机容量在 3.7 亿千瓦左右。主要是美国、加拿大；欧洲的法国、英国、俄罗斯、德国和东亚的日本、韩国等一些工业化发达的国家在运用。数据显示这些国家的核电约占全球总发电量的 15%，美国有 104 台、法国 58 台、日本 50 台、俄罗斯 33 台、韩国 23 台、印度 20 台、加拿大 19 台核电机组。根据 IAEA 发布的 2011 年度全球核发电比例的统计数据，其中法国高达 77.7%，韩国为 34.6%，日本为 18.1%，美国为 19.2%。全球在建核电机组 68 台，装机总量约为 7069 万千瓦，其中超过 70% 的在建核电机组集中在亚洲的中国、印度和欧洲的俄罗斯等国家。

中国核电发展民用工业规划也在中国发改委的工作中制定，计划中国核电在 2020 年时将为 3600 万千瓦—4000 万千瓦，预计核电的比重将大幅增加，总装机容量为 9 亿千瓦时核电的比重可以占到电力总容量的 4%，等同于按计划实施到2020年中国将有威力相当于四十座大亚湾核电站（百万千瓦级别）的核电站。经过不同部门的不同预测结论，到2050年将有三个不同的方案，分为低中高三种：低方案为1.2亿千瓦，中方案为2.4亿千瓦，高方案为3.6亿千瓦，这三种方案分别会占中国电力总装机容量的10%、20%、30%左右。

（七）国内外生物质能利用差距

在国际上，很多国家的生物质能技术和装置多已达到商业化应用程度，同时也实现了规模化产业经营，而且许多国家都有相应的开发研究计划。美国、瑞典和奥地利三国是生物质转化利用已经具有相当可观规模的国家，分别占3国一次能源消耗中的4%、6%和10%。根据2007年世界可再生能源报告显示，全球生物质能利用发展迅速，从2005年到2006年一年时间生物乙醇产量就从330亿公升增长到390亿公升。其中，巴西这一年的燃料乙醇消费量从150亿公升增长到175亿公升，巴西的乙醇燃料已经占该国汽车燃料消费量的50%以上。机动车中有70%左右采用“混合燃料”，燃料乙醇供应了非柴油机动车燃料的41%，占据了相当大的比例。而在美国的产量甚至超过巴西为183亿公升，增幅高达22%，生物质能发电的总装机容量也已经超过10吉兆瓦，单机容量达到10兆瓦—25兆瓦；欧盟的燃料乙醇产量增长迅速，虽然绝对数比起巴西和美国这两个国家仍然较少，但在2006年也增长了77.8%。

中国已经开发出以秸秆、木屑、稻壳、树枝等生物质为原料生产燃气的多种固定床和流化床气化炉。据调查显示，在2006年，用于木材和农副产品烘干的有800多台，村镇级秸秆气化集中供气系统近600处，年生产生物质燃气可达到2000万立方米。虽然都是比较原始简单地使用技术且多在农村没有形成商业化，但是在这个领域也还是做出了一点成效与进步，2006年年底已有农村户用沼气池1870万个、生活污水净化沼气池14万个，畜禽养殖场和工业废水沼气工程2000多处建成，年产沼气约90亿立方米，近8000万农村人口都通过生物质能技术享受到了优质生活燃料。

总的来说，中国在无碳清洁能源的新技术方面与先进国家还是有很大差距的，特别是核心技术研究与应用，我国在无碳清洁能源技术上大多是借鉴国外的先进技术，“技术创新”是中国的一大难题。中国走这条可持续发展道路的努力是有目共睹的，通过努力，一定可以创造以成熟的无碳清洁能源技术代替传统化石能源而没有环境污染的未来。

第六章　去碳技术

根据经济、能源和环境整体推算，各国必须在有限时间内，降低二氧化碳的排放，才能保证全球安全。但从世界技术创新和资源储备情况看，较长时间内，人类仍将主要依赖化石能源体系。因此，除进一步发展减碳技术和无碳技术，提高能源利用效率，改善能源利用结构外，还必须加快去碳技术创新，提高对二氧化碳的捕获和封存比率。

一、去碳技术内涵与分类

（一）去碳技术内涵

去碳技术是目前公认的控制二氧化碳排放和有效缓解气候变暖的最重要手段之一，因此国际社会对此项技术高度重视。

1. 去碳技术的阶段

去碳技术，又称为二氧化碳的捕获与封存技术，主要分为碳捕获、碳运输和碳封存三个阶段。

捕获阶段：将生产中产生的二氧化碳进行分离并且收集压缩二氧化碳并将其净化和压缩的过程。

运输阶段：将收集压缩到的二氧化碳通过管道或者船只等运输方式送到封存地。

封存阶段：将收集压缩的二氧化碳封存到地下，海洋或者其他形式的吸收。

2. 碳捕捉类别

从生产和燃料处理过程中分离和收集的，采用的方法具体如下。

表 6—1

序号	方法	适用范围
1	燃烧前捕获	仅适用于新建发电厂
2	燃烧后捕获	可同时应用于新建和既有发电厂
3	富氧燃烧捕获	可同时应用于新建和既有发电厂

3. 碳封存类别

根据碳封存地点和方式的不同，可将碳封存方式分为地质封存、海洋封存、碳酸盐矿石封存以及工业利用封存等。其中，每种封存方式又包括不同的具体技术，发展见下表。

表 6—2

<table>
<tr><th>方式</th><th>技术</th><th>研究阶段</th><th>示范阶段</th><th>一定条件下经济可行</th><th>成熟化市场</th></tr>
<tr><td rowspan="4">地质封存</td><td>强化采油（EOR）</td><td></td><td></td><td></td><td>√</td></tr>
<tr><td>天然气或石油层</td><td></td><td></td><td>√</td><td></td></tr>
<tr><td>盐沼池构造</td><td></td><td></td><td>√</td><td></td></tr>
<tr><td>提高煤层气（ECBM）</td><td></td><td>√</td><td></td><td></td></tr>
<tr><td rowspan="2">海洋封存</td><td>直接注入（溶解型）</td><td>√</td><td></td><td></td><td></td></tr>
<tr><td>直接注入（湖泊型）</td><td>√</td><td></td><td></td><td></td></tr>
<tr><td rowspan="2">碳酸盐矿石封存</td><td>天然硅酸盐矿石</td><td>√</td><td></td><td></td><td></td></tr>
<tr><td>废弃物料</td><td></td><td>√</td><td></td><td></td></tr>
<tr><td>工业利用</td><td></td><td></td><td></td><td></td><td>√</td></tr>
</table>

（1）陆地生态封存。陆地生态系统对二氧化碳的吸收是一种自然碳封存过程，被认为是最环保的二氧化碳封存方式。

（2）海洋地质封存。海洋封存重点是捕获和分离二氧化碳，然后将其注入海洋或者是深地质结构层中。这种封存方式目前得到很多企业的支持，在石油挖掘方面得到很好的应用与发展。

（3）海洋生态封存。利用浮游植物的光合作用来增加对二氧化碳的吸收能力，然后借助海洋生物链将二氧化碳转化为有机碳，再通过有机碳的重力沉降或者矿化等形态来实现碳封存。

（4）碳酸盐矿石封存。利用化学和生物技术对二氧化碳进行回收和再利用，该技术不需要提纯二氧化碳，从而可节省分离、捕获、压缩二氧化碳气体成本。

（二）去碳技术分类

1.CCS 技术

（1）CCS 技术的概念

CCS 是英文 Carbon Capture and Storage 的缩写，指通过碳捕捉技术将生产中产生的二氧化碳分离、收集、压缩，将其输送到封存地，以达到减少二氧化碳排放到大气中的量防止气候变暖的目的。原来要排入大气中的二氧化碳将被压缩、输送并封存在地质构造、海洋、碳酸盐矿石中，或是用于工业流程。从经济运营成本的角度看，二氧化碳的捕捉普遍用于大点源排放。二氧化碳主要源于大型化石燃料或生物能源设施、天然气生产以及基于化石燃料的制氢工厂。

（2）CCS 技术的发展

CCS 可有效地控制大气中二氧化碳的含量，同时 CCS 也具有增加实现温室气体减排灵活性的潜力。CCS 技术目前仍处于试验阶段，因其成本过高而难以大规模推广。从当前发展来看，CCS 技术中二氧化碳缺乏良好的应用途径，仅仅是依靠封存来减少排放量。同时 CCS 技术的普及也与二氧化碳的排放价格有关。据统计，当二氧化碳价格达到每吨 25—30 美元时，CCS 技术才会得到更快的普及。一个常规的发电厂如果引进 CCS 技术来捕获、收集二氧化碳，那么将消耗发电量的一半左右用于该项技术的运用。同时碳捕获和封存的成本高于国际上的碳交易价格，而碳捕获与封存的精密相关设备将使燃煤发电厂付出高昂的成本。由于这些原因厂商大多认为碳捕获与封存难以获得经济回报，推广到商业运营模式更可谓是困难重重，因此除非政府提供额外的经济支持，或开征高额碳税以增加经济诱因，否则 CCS 技术也只是纸上谈兵。

2.CCUS 技术

（1）CCUS 技术的概念

CCUS 是英文 Carbon Capture，Utilization and Storage 的缩写，指的是碳捕获、利用与封存。CCUS 技术是 CCS（Carbon Capture and Storage，碳捕获与封存）

技术新的发展趋势，即把生产过程中排放的二氧化碳进行提纯，继而投入新的生产过程中，可以循环再利用，而不是简单的封存。与 CCS 技术单纯地将多余的二氧化碳封存相比，CCUS 技术则可以将二氧化碳资源化，能产生更多的经济效益，更具有现实操作性与商业价值。二氧化碳的资源化利用技术有合成高纯一氧化碳、烟丝膨化、化肥生产、超临界二氧化碳萃取、饮料添加剂、食品保鲜和储存、焊接保护气、灭火器、粉煤输送、合成可降解塑料、改善盐碱水质、培养海藻、驱油技术等。在目前的 CCUS 技术发展趋势中，合成可降解塑料和油田驱油技术产业化应用前景广阔，也相对具有可操作性。

（2）CCUS 技术发展历程

CCUS 技术发展按照时间顺序，大致可以划分为三个阶段：技术孕育阶段、诞生与发展阶段和研发与示范阶段。

CCUS 技术发展具体历程及重要事件如下所示。

20 世纪 70 年代到 80 年代末 技术孕育阶段

美国利用二氧化碳注入油田以提高油田出油率

IPCC：政府间气候变化专门委员会 IEA GHG：国际能源机构温室气体研发

20 世纪 80 年代末至 2005 年诞生与发展阶段

1988 年 IPCC 成立

1989 年麻省理工 CCS 技术发起

1991 年 IEA GHG 项目成立；挪威制定碳排放税，推动 sleipner 项目

1998 年 WEYBURN 项目实施

2003 年碳封存领导人论坛创立；美国七个碳封存项目成立

2005 年英国碳捕获与封存协会成立

1991 年 IEA GHG 项目成立；挪威制定碳排放税，推动 sleipner 项目

1998 年 WEYBURN 项目实施

2003 年碳封存领导人论坛创立；美国七个碳封存项目成立

2005 年英国碳捕获与封存协会成立

2005 年至今研发示范阶段

2005 年八国首脑会议赞同 CSLF 计划；NZEC 项目协议签订

2007 年北美碳捕获与封存协会成立

2008 年 CO_2CRC 制定 CCS 发展线路图

2009 年欧盟旗帜项目获批；全球碳捕获与封存协会（GCCSI）成立

IPCC：政府间气候变化专门委员会

IEA GHG：国际能源机构温室气体研发

Sleipner 项目：挪威碳捕获与存储项目

WEYBURN 项目：加拿大油田注入二氧化碳项目

NZEC 项目：中欧煤炭利用近零排放合作项目

CO_2CRC：二氧化碳科学研究协作委员会

（3）CCUS 技术的发展前景

2010 年 7 月 22 日在《CCS 在中国：现状、挑战和机遇》报告发布会上，科技部 21 世纪议程管理中心负责人表示“目前中国的首要任务是保障发展，由于 CCS 技术建立在高能耗和高成本的基础上，因此该技术在目前中国大范围的推广与应用是不可取的，中国当前应当更加重视拓展二氧化碳资源性利用技术的研发”。他强调：“今后会有越来越多的人用 CCUS（碳捕集再利用与封存）代替 CCS（碳捕集与封存）。对中国来说，我们也更青睐 CCUS。”CCS 对可持续发展没有贡献，同时在 CCS 技术进行中要额外消耗能源，采用 CCS 技术需增加 25%—40% 的额外能耗，前期投资巨大且不具备切实的经济效益。他认为只有将捕集的二氧化碳进行再利用，CCS 技术才更具有现实意义。

第三届国际能源产业博览会在中国太原召开，CCUS（碳捕获、利用与封存）成为本次会议最热门话题。中国工程院院士、清华大学教授倪维斗在博览会上说：“CCUS 技术在中国目前有很大发展潜力，应尽快启动”。华盛顿举行的首次国际清洁能源部长级会议上，发达国家也提出了 CCUS 将会逐步代替 CCS 的观点。据中国科学院院士、清华大学教授费维扬介绍，美国已经正式将 CCUS 的发展提上议程。

考虑到可持续发展与长远的经济效益，开发并推广碳捕获、利用和封存技术（CCUS），将成为未来数年工业发展中一个具有吸引力的方向。

二、去碳技术重点创新领域

二氧化碳是污染环境的废气，是造成温室效应的主要气体。但是从另一个层面上看，二氧化碳是一种相当宝贵的资源。去碳技术，一方面是将排入大气中的二氧化碳进行捕捉，同时将一部分的二氧化碳进行封存，另一方面去碳技术也包括各种新型领域对二氧化碳的重新利用和吸收。CCUS 技术继承 CCS 技术所有的优点，同时还能将 CCS 收集到的二氧化碳结合先进的技术达到“变废为宝”的目的。因此 CCUS 技术被看作是一项最具前景的应对气候变暖解决方案。据联合国政府间气候变化委员会的调查，该项技术的应用，能将全球二氧化碳排放量减少 20%—40%。

目前二氧化碳气体在工业上主要作为原料来生产尿素、碳酸氢铵、纯碱。除此以外，还可用于生产工业及食品级液体二氧化碳、饮料添加剂、食品防腐剂、冷冻剂、灭火剂等。二氧化碳作为惰性气体，其稳定的化学性能使其成为焊接气体保护剂、同时也使用于油田开采以及铸造成型等方面。但正是由于二氧化碳具有较高的热力学稳定性，在某些方面也限制了它的应用。有关数据显示，目前全球二氧化碳利用量不足 1 亿吨，造成巨大的资源浪费。二氧化碳的收集、封存、利用日益受到世界各国的普遍关注，成为各国竞相研发的热点项目。在二氧化碳的有效利用中，合成可降解塑料和油田驱油技术产业化领域应用前景最为广阔。

（一）二氧化碳降解塑料技术

近年来，二氧化碳超低临界萃取技术也得到了长足发展，该技术已经可以利用回收到的二氧化碳来生产可以降解的塑料。用二氧化碳生产可降解塑料技术被誉为实现二氧化碳变废为宝的“绿色化工科技”。有关研究人员将二氧化碳塑料与其他降解塑料进行了比较，结果显示，二氧化碳塑料具有更优良的使用与降解性能，且价格低于其他降解塑料。

20 世纪 90 年代中期至今，美国、日本、韩国、俄罗斯等国家均在该领域进行了大量的研发工作，并先后取得重要的研究成果。国外开展该项工作中比较突出的研究单位主要有：日本东京大学、日本京都大学、波兰理工大学、美国匹兹堡大学和得克萨斯 A&M 大学等。然而，尽管上述研究单位是该项技术的研发上的佼佼者，但避免不了这些研究单位大多只是处于实验室研究阶段。

1. 二氧化碳降解塑料的意义

二氧化碳塑料实际上就是利用化学方法将捕捉到的二氧化碳进行利用，因此二氧化碳塑料在二氧化碳的捕获、利用、封存这一技术中具有至关重要的意义。与传统塑料相比，二氧化碳塑料属于废物再利用，据统计，生产树脂的过程中需要消耗一半数量的二氧化碳，使捕捉到的二氧化碳实现资源再利用的经济价值；其次，与传统塑料相比，二氧化碳塑料是利用捕获的二氧化碳，而传统的塑料是产生大量的二氧化碳气体。二氧化碳塑料是 CCUS 技术应用的典型示范。

因此，在某种程度上来讲，推进二氧化碳制塑料技术的发展，不仅是提供又一新的二氧化碳封存，其实也是给减少二氧化碳排放做贡献。

二氧化碳降解塑料属于完全生物降解塑料类，在不施加任何外力的催化作用下可自行降解。这种材料可用于各类一次性材料、餐具、保鲜材料等方面。二氧化碳降解塑料作为新兴的环保节约型产品，因其经济价值和环保价值，正成为当今世界瞩目的研发热点。这种新型的环保产品不仅将这种温室气体实现了自身的经济价值，同时避免了传统塑料产业生产时带来的二次污染。二氧化碳制塑料的广泛推广应用，不但使原始塑料的技术得到了创新与发展，而且对日益枯竭的能源起到一定程度的补偿。因此，广泛推进二氧化碳降解塑料的生产和应用，无论从环境保护的角度，或是经济的角度来看，都是势在必行。

2. 二氧化碳塑料的发展现状

当前，世界上很多国家和企业都在投入大量的财力和精力进行二氧化碳基聚合物领域的研发工作。这一技术的研发和推广将激活二氧化碳的潜在价值，使碳原子与其他化合物反应生成可降解塑料，从此开启了人类利用二氧化碳制造塑料的新篇章。

二氧化碳属于惰性气体，不容易与其他物质发生反应，一般在工业领域用于生产尿素和聚碳酸酯等。经过长时间的研究，东京工业大学岩泽伸治教授等人发现，经过处理的碳化合物可以与二氧化碳结合形成新的碳物质。这一发现指出了二氧化碳利用全新的发展方向，并且有人预测这一发现在不久的将来会使二氧化碳的利用更具有商业价值和经济回报。

（1）日本

进入21世纪以来，国内外同时都加快了对二氧化碳可降解塑料的开发研究，其中日本研发团队的成果最受人注目。日本国内的研发机构已经把合成完全生物降解塑料脂肪族聚碳酸酯作为推动碳化学发展的一项重要的革新技术，意在将其技术进行推广运营。

（2）美国

美国空气产品与其他研究团队共同开发了可控分子量的聚碳酸亚烃酯的合成技术，同时，美国陶氏化学公司开发了一种新型的催化剂体系，将用于二氧化碳与环氧化物聚合反应。

（3）德国

德国政府方面出资资助，鼓励企业间共同开发基于二氧化碳原料的聚氨酯生产方法，大力推进技术间的交流与合作。经官方数据报道，BMBF（德国联邦教育与研究部）为该项目先后投入450多万欧元。由于二氧化碳的化学性质非常稳定，要使其发生化学转化，本身就要消耗能源，还需要添加特殊的催化剂，将该项技术推广到市场运用还需要时日。

（4）中国

中国政府大力支持并鼓励相关企业将二氧化碳制塑料方面的技术大力推广并应用到实业中去，在过去几年的发展中，国内的二氧化碳塑料业已经处于世界领先地位。

下表为国内几家主要生产降解塑料公司概况。

表6—3

公司名称	类别	母料生产能力（吨/年）	主要产品	备注
天津丹海股份有限公司	淀粉填充型生物降解塑料光/生物降解塑料完全生物降解塑料	10000	母料、包装膜（袋）、垃圾袋、台布、餐具、地膜、育苗钵	已获国家环保标志
吉林金鹰实业有限公司	光降解塑料光/生物降解塑料光/钙降解塑料淀粉填充型生物降解塑料	10000	母料、包装膜（袋）、餐具、发泡网、垃圾袋、地膜	已获国家环保标志
南京苏石降解树脂有限公司	淀粉填充型生物降解塑料光/生物降解塑料完全生物降解塑料	7000	母料、包装膜（袋）、垃圾袋、地膜、高尔夫球座	产品主要出口
深圳德实利集团体（中国）有限公司	光降解塑料光/生物降解塑料	1000	母料、包装膜、垃圾袋	已获国家环保标志
深圳绿维塑胶有限公司	淀粉填充型生物降解塑料光/生物降解塑料完全生物降解塑料	1000	母料、包装膜（袋）、垃圾袋、餐盒、地膜	部分产品出口
惠州环美降解树脂制品有限公司	淀粉填充型生物降解塑料光/生物降解塑料	1000	母料、包装膜（袋）、餐具、发泡网、垃圾袋	已获国家环保标志
海南天人降解树脂有限公司	淀粉填充型生物降解塑料光/生物降解塑料	1000	母料、包装膜（袋）、垃圾袋	已获国家环保标志

然而，业内人士认为，尽管我国在二氧化碳制塑料这一领域已经取得突破

性进展，但仍然存在很多的不足因素，例如，相关核心技术的不成熟利用，以及各个方面的经济因素制约，使该项技术需要大量的经济和技术支撑。目前国内二氧化碳降解塑料产业进展迟缓，很多商家坦言，二氧化碳制塑料这一领域只有中海油等“高端玩家”才“玩得起”。

3. 应用前景

二氧化碳合成全降解塑料技术是目前世界关注的重要热点之一。目前市场上传统的塑料制品大多以石油为原料，这一类的塑料制品成本高，不易降解，污染环境。二氧化碳降解塑料作为环保产品和高科技产品将在更大程度和层面上实现工业化、市场化，同时也将成为最受世界瞩目的焦点和研发之一。

目前，美国、日本和韩国等国家在生产二氧化碳降解塑料这一领域里占有领先的优势，其中美国年产量约为2万吨，日本、韩国也已形成年产上万吨规模，我国在这方面的技术也呈后来居上的迹象。

（二）二氧化碳油田驱油技术

二氧化碳驱油技术简而言之，就是把二氧化碳注入油层中，原油体积膨胀产生压力以提高油田出油率的过程。国际能源机构评估根据相关数据统计表示，全世界适合二氧化碳驱油开发的资源约为3000亿—6000亿桶，二氧化碳驱油技术有相当大的运用空间。

1. 二氧化碳驱油技术的意义

世界上大部分油田采用注水开发，但由于水资源珍稀同时利用率也不高，近年来二氧化碳驱油技术得到极大的关注。二氧化碳驱油技术的意义在于，其所需要的二氧化碳可以通过捕获大型工业生产中所产生的气体，通过收集、压缩再投入利用，这一方面减轻了大气中二氧化碳的含量，减轻温室效应，同时还实现二氧化碳的资源再利用，实现其经济价值。

同时，不同于注水技术只适用于常规油藏，这项技术还适用于低渗、特低渗透油藏，据统计，二氧化碳驱油技术与注水技术相比，原油采收率得到大幅度的提高。世界上许多国家的石油开采业都广泛推广二氧化碳驱油技术，石油开采时将一定量的二氧化碳注入能量衰竭的油层，可提高油田出油率。据相关数据表明，二氧化碳纯度只有达到90%以上才能实现提高石油采收率的目的。如果将二氧化碳溶于油，原油体积将产生膨胀，黏度也会下降30%—80%，因此可以提高油田的石油出油率。据统计，二氧化碳驱油技术一般可提高 7%—15% 的油田出油率，同时二氧化碳注入油井中还能起到延长油井生产寿命的作用，一般是延长 15—20 年左右。因此，将二氧化碳注入油井中，一方面达到驱油的效果，使油井的石油开采率得到提高，另一方面还能使油井更长时间的投入运作。

2. 发展现状

（1）国外

二氧化碳驱油技术一直是 CCUS 技术中最受人注目的焦点之一。欧美国家的许多能源公司斥巨资研发技术，近年来，该技术在很多方面也得到长足的发展，以美国、英国、挪威等国更是一马当先。其中不乏包括壳牌、BP、埃克森美孚等大型的跨国石油公司参与研发，据不完全统计，目前全世界有 80 个油田项目在实施的二氧化碳驱油技术。合作项目内容见下表。

表 6—4

国家	企业	合作项目
英国	BP	BP 在英国建设了相关装置，将二氧化碳注入地下，以用于提高石油采收率
美国	埃克森美孚	早在 1970 年，美国就在得克萨斯州把二氧化碳注入油田作为 EOR（提高原油采集率）的一种技术手段
挪威	壳牌	壳牌和挪威石油公司建设了世界上第一个由燃气发电厂产生的二氧化碳捕集项目，以便用于提高海洋油田石油生产量

（2）国内

随着该技术在国外如火如荼的研发与发展，中国的石油产业同样也将目光聚集到二氧化碳驱油技术上。近几年技术的成熟与稳步推进应用后，显示二氧化碳驱油技术在我国石油开采产业中同样有着巨大的前进潜力。我国的二氧化碳驱油技术始于 20 世纪 90 年代，发展于 21 世纪初，特别是近几年各大石油企业都以该项技术作为石油开采的主要技术支撑。下表总结了我国石油开采技术的发展历程。

表 6—5

时间	发展情况	研究内容
20 世纪 90 年代	萌芽摸索期（石油企业试验摸索）	江苏油田、大港油田和辽河油田开展的二氧化碳驱油实验
21 世纪初	探索发展期（国家给予相关支持）	向科技部申请基础研究项目得到批准。项目组立足于中国油藏储层特点及原油性质，发展完善二氧化碳混相驱油、埋存评价等关键理论方法，初步形成二氧化碳驱油与埋存配套技术
近几年	稳定前进期（石油企业平稳运营）	中石化石油勘探研究院报告显示：中石化现采油主要方式是二氧化碳驱油，覆盖储量 6.40 亿吨。其中，二氧化碳混相驱覆盖储量 3.44 亿吨，提高采收率 15.8%，增加可采储量 5430 万吨

3. 应用前景

二氧化碳驱油技术的利用不仅提高油田采收率，同时也是二氧化碳封存的又一有力途径，达到了经济效益与环境保护双赢效果，真正是实现资源友好型、环境节约型的社会总需求。

此外，二氧化碳在提高油田采收率做出突出的贡献，同样有专家提出二氧化碳将对提高煤层气和天然气采收率领域也具有很好的应用前景。从我国的能源结构情况出发，二氧化碳封存与利用必须走高效率之路，只有这样二氧化碳驱油技术才能更广泛地推广到各石油行业的开采利用中去，提高采收率和埋存技术才会具有更加广泛的应用前景。

（三）植物填埋降低二氧化碳技术

在二氧化碳封存的技术中，最朴实的方法要属地质封存，采取的是最自然的地质吸收的方法。陆地生态系统对二氧化碳的吸收是一种自然碳封存过程。而种植速生、丰产、捕碳效率高的陆生和水生草本植物是属于地质封存方法的一种。种植速生、丰产、捕碳效率高的陆生和水生草本植物，由于其叶面总面积和叶绿体总数量大于相同种植面积，同时多年一次生命周期的乔木叶面总面积和叶绿体总数量，将决定这种植物对二氧化碳的吸收率是相同种植面积乔木总捕碳量的 50 倍左右。通过光合作用将大气中的二氧化碳转变成有机化合物，大量地填埋到地层下，也是实现全球大气二氧化碳负增长的方法。这种自然的碳封存过程的特点是：安全、节能、环保、成本低。

（四）其他技术

1. 二氧化碳在运输中的应用

随着全球化的来袭，食品生产商要运输不断增加的距离才能够有盈利，这就要求运输系统必须更有效且产品保质期更长。但是，它们的成功主要取决于从工厂到超市展柜的冷若冰霜连接的完整性。由于故障或不正确操作，而安装到集装箱和运输的机械制冷备存有出现故障的固有风险，可导致无法承受的浪费和损失。将包装好的二氧化碳颗粒加到冷藏或冷冻产品中，可以提供另一种可靠的、成本可接受的保鲜方法。

高压二氧化碳巴氏灭菌系统是一个加注高压二氧化碳的新流程。与传统的热流程相比，这种流程能够改善抵制微生物等菌类的生长，从而达到更好的保鲜效果。该技术已经被广泛用于提取目的，并且很可能作为新鲜食品和果汁的冷冻巴氏杀菌处理的选择。这一新技术的优势在于既不影响食品的外观，又能延长食物的保质期。在这项技术中，食品主要与产生高压的二氧化碳接触。当高于某一临界压力和温度时，二氧化碳逐渐进入所谓的超临界相；在这相内它拥有渗透固体如气体并将物质如流体般溶解的独特能力。这意味着二氧化碳巴氏灭菌系统是非常适用于批量处理固体食品和连续加工液体食品。

2. 二氧化碳在储存中的应用

由于小麦、玉米和其他储存的粮食产品都可能会受到害虫的攻击，这些有害生物可以在农地的受感染仓库和粮仓然后经过运输，继而进入储存仓库。虽然在仓库管理人的严格管理下，在某些情况下可以使粮食免遭昆虫的攻击，但在增殖更迅速的温暖气候条件下需要采取额外措施。相比化学杀虫剂，使用二氧化碳的优势是不需要水分作有效成分的载体也无须轮流替换杀虫剂。当二氧化碳在现有水分中溶解时会形成碳酸进而攻击已经对喷洒其他杀虫剂产生抵抗力的卵和蛹。据调查，二氧化碳是由美国食品和药物管理局完全批准的主要流体，主要用以抑制有害昆虫的繁殖而不会降低储存食品的品质。

3. 二氧化碳在工业中的应用

我们日常使用的油漆，都是具有挥发性的溶剂。涂上油漆后，溶剂就挥发出来，不仅需要较长的挥发时间，同时会释放有害气体污染环境。经过取样研究和提取有害物质，发现污染物中含有许多有毒气体和致癌物，挥发到空气中会危害人们的身体健康。

美国一家公司研制出一种利用二氧化碳做溶剂的油漆，克服了传统溶剂难挥发和易产生毒害气体的危害。他们采用的办法是：在一定温度下增大压力，使二氧化碳处于气态与液态相互转变的一种状态。据市场调查中用户的反映，使用这种二氧化碳作为溶剂的喷漆，挥发快，光泽好，最重要的是不会产生有毒污染。同样作为二氧化碳的利用，该技术既解决二氧化碳的封存问题，同时也不需要额外的增加费用支出。

三、去碳技术创新障碍和突破途径

随着去碳技术的日益成熟，二氧化碳的捕获、利用与封存技术在各个领域的运用更加广泛。但是由于二氧化碳捕获技术的高投入、低回报以及封存技术的不稳定性及存在的风险等其他技术的障碍，还是影响了去碳技术发展，因此不能更加广泛地应用到更多的领域当中，不能充分发挥低碳技术的优势。

（一）创新障碍

尽管许多发达国家都在碳捕获和封存技术上进行尝试，并且有一些国家在去碳技术上还取得了一定的成绩，但是去碳技术还是多限于各大实验室以及一些小型的试点项目，迄今为止世界上仍旧没有一个包括完整的二氧化碳捕捉、运输到封存全过程的产业，因此不能称为CCS全流程项目。阻碍去碳技术的发展和广泛应用的原因主要有三个：政治上的不认同、经济上的不确定性以及技术可靠性欠缺。

1. 政治上的障碍

尽管有科学家声称该项技术很安全，但包括瑞士、喀麦隆等地，已经发生过二氧化碳泄漏案例。尤其是，1986年西非喀麦隆，世界闻名被称为“杀人湖”的尼欧斯湖，当时就发生突然喷发湖底原有的二氧化碳，据统计方圆25公里内，共有1700人和3500头牲畜窒息死亡。这一案例是世界上反对二氧化碳封存人士最常提出的例子。国际间对于这项技术的安全性也感到质疑，关于去碳技术是否安全的问题争论不休。

普通民众质疑往深地质结构层中注入二氧化碳并封存，能否确保它们在长时期内稳定存储？能不能保证不会因为地壳活动而喷发导致灾难？并且不同的地质因素需要适用不同的技术进行保障。同时，地下空间并不是天然仓库，并不能保证气体就待在里面不出来。由于当前技术并不能确保埋入地底的二氧化碳将不会发生任何反应，同时也不会对地壳产生影响，该项技术的不完全可靠性和安全性使普通民众对该技术的推进感到忧心忡忡，甚至是极度的反感与恐惧。正是由于当地民众对于碳封存强烈地反对，而政府方面对于民众的反对并不能视而不见，对该项目的进程影响也感到无能为力，因此德国这次最大的碳捕获与封存的示范项目一直停滞不前。

以我国台湾为例，台北的排碳大户——台电和中油，计划在彰滨和苗栗将二氧化碳封存埋底。台电已在云林和彰化封存场址的第一阶段探勘，还在云林进行 100 吨小规模存放先导计划。民众得知后大骂政府搞暗箱作业，由于事前完全不知情，并担心会影响民众的生命安全，这次的计划也被迫搁浅了。德国号称世界上第一家二氧化碳捕捉、封存技术的试验性工业项目，即相对完整的去碳技术流程的碳捕获和封存技术示范项目，预计 2008 年开始运转，但是直到 2011 年，进展并没有达到预期的效果，总结各种因素，发现阻碍项目前进的最大阻力是德国国内多地民众强烈地反对将碳封存地建设在自己的土地上。以至于瑞士能源巨头——瀑布能源公司负责碳捕捉和炭封存（CCS）试验性煤电厂的经理无奈地称，这项 CCS 技术如果得不到当地民众的支持与理解，政府也会考虑民众的情绪，在政治接受上必然也会遭到质疑。因此民众的反对和政治上的阻碍将是该技术应用、发展上所将要面临的最大挑战之一。

2. 经济上的障碍

在 CCS 技术推广应用的过程中，相对于“政治上和本地化的阻碍”，CCS 技术经济上得不到保障则是阻碍该项技术发展更为关键的一环，因此经济上的不确定性优势是阻碍去碳技术发展的又一重要挑战。即使有人接受碳捕集这一理念，其经济上得不到保障的忧虑也能让人望而却步。捕集和封存二氧化碳的过程包括三个方面：捕获、运输、封存，都涉及不菲的投入。

（1）碳捕获

据麦肯锡咨询公司估计，捕获和处理二氧化碳的成本大约为每吨 75 美元到 115 美元，与开发风能、太阳能等可再生能源的成本相比在经济上并不具备明显的竞争优势。美国麻省理工学院的一项研究提出碳捕捉（CSS）处理二氧化碳的成本约 30 美元（19 欧元）每吨。目前每捕捉和封存 1 吨二氧化碳的成本约为

50—90 美元，通过研究表明，要想将 CCS 技术全面的推广，只有将捕集和封存二氧化碳的总成本降到 25—30 美元 / 吨。然后根据统计报告，CCS 技术的运用过程中捕获阶段投入相当于整个投入的 70%，因此在整个去碳技术中，碳捕捉技术仍然是最需要经济支持的一步。虽然这样的价格，大大改变能源经济，但即使是 CCS 最乐观的拥护者也质疑这项技术在 2020 年之前是不是能得到大范围推广。

（2）碳运输

碳运输是指将捕获并经压缩的二氧化碳运至距工厂很远的地方。中欧煤炭利用近零排放项目组研究发现，捕获并压缩的二氧化碳通过管道运送到封存地点，据统计平均运输成本为每 100 公里每吨二氧化碳为 12 元人民币左右，每 200 公里每吨二氧化碳为 26 元人民币左右。从上面的数据显示，运费支出尚不是一个大问题，但是二氧化碳的封存地一般都选在相对偏远的地区，当距离加大之后，运输成本也会随之增长。因此，在该项技术上碳运输高成本也将是一大笔支出，但在整个去碳技术中碳运输成本的问题，相对于碳捕捉和碳封存的高额支出是不值得一提的。

（3）碳封存

虽然碳封存成本不及碳捕获过程的成本，在整个去碳技术中封存成本也是一个不小的支出。有关专家研究表明，二氧化碳封存成本取决于地点以及封存的方式，一般情况下每封存 1 吨二氧化碳约需要 1—2 美元。碳封存的资金投入主要是取决于封存的量，尽管资金的支出不一定非常庞大，但也能让原本需要高额支出的去碳技术更加举步维艰。

3. 技术上的障碍

除民众的支持、政治上的拥护或者是经济上的不稳定性这几个因素外，捕集和封存二氧化碳技术的可靠是更为根本、重要的问题，也是解决前面两个技术障碍的关键因素。

在捕获阶段，我们清楚地认识到只有通过技术改良，才能降低投资费用和运行能耗；

在运输阶段，同样只有通过技术的不断改良来解决二氧化碳干燥和压缩的处理，才能节省运输能耗成本和费用；

在封存阶段，首先通过技术的改良可以降低封存成本，但是在封存阶段更为重要的一环是，如何通过技术手段找到适合二氧化碳封存的地质层，才能确保封存的二氧化碳不会泄漏，以至造成人员伤亡与环境破坏。

就目前情况分析，如何确保封存地下容量巨大的二氧化碳不会泄漏将是决定这项去碳技术前景发展的关键性因素。

尽管联合国政府气候变化委员会声称，现有技术可以将二氧化碳的泄漏率控制在每千年泄漏 1%。但到目前为止也拿不出有效的数据支撑该项声明，更令人担忧的是，这项技术对环境的长期是否产生影响，至今尚无可靠的评估手段进行检测和确认。同时，被封存于地底下的巨量二氧化碳，会不会因为地壳周期性的活动而喷发，最终是否会造成难以控制的局面，导致无以挽回的灾难，还需要更先进的技术手段进行验证和检测。最后，将二氧化碳封存到深海处，则更需要大量的技术参数作为该项技术研发的科学依据。

因此，技术上的障碍才是阻碍 CCS、CCUS 技术全面发展最重要的原因。相信也是为什么在全球范围内差不多有 100 余个 CCS 项目，然而真正能够实现商业化全面运行的项目一直未能超过 1/10 的主要障碍。

（二）突破途径

去碳技术的创新障碍表现在政治上的不支持，经济上的不稳定性和技术上的不可靠性。二氧化碳的捕获、运输与封存都存在着各种各样的技术障碍，技术瓶颈仍然存在，大规模发展的价格依然昂贵，让项目进行困难重重。但是由于去碳技术一方面对环境的友好保护，另一方面促进低碳经济的发展，因此，国内外的研究组织没有放弃获取碳捕获和封存技术，而是在二氧化碳捕捉、运输及封存的技术领域里进行更深入的研究，力求克服阻碍去碳技术发展瓶颈。

1. 政治上的突破

去碳技术作为一种新能源的高新、清洁能源技术，将有很持续的发展前景，是值得企业和国家研究和重视的。对该项技术经济上的支持离不开政策支持，技术的革新与突破同样离不开政策支持。因此，现如今这项高新技术的推进和发展中，政治上的突破将会是至关重要的一个环节。

（1）政策上的鼓励

全球碳捕获与存储研究所报告称：尽管碳捕获与封存示范项目的投资仍然相对乐观，但是却越来越不稳固，而且现有的资金支持水平所服务的项目将比最初的预期要少很多。

由于二氧化碳捕捉、运输及封存技术相较于传统的技术来讲，还是属于一种新型的技术，因此首先国家相关能源部门应普及相关的知识，让所有的企业都有机会接触到前沿的科技，为所有有资质的企业创造平等的机会。其次，由于去碳技术的投入资金相对多，国家相关部门也同样应鼓励企业踊跃地加入该技术领导的技术革新中去，并且对不同企业进行不同的政策鼓励和支持，同时也要提供经济上的扶持。

同时全球碳捕获与存储研究所警告说，政府需要做的不仅仅是通过碳定价立法来刺激碳捕获与存储方面的投资，同时还应该减少赋予该项低碳技术政策上的优势，比如可再生资源，它们应该享有更多的补贴和激励政策。同时政府还应该鼓励企业的参与和创新，勇于突破技术发展的瓶颈制约，形成全流程的大规模CCS技术储备的自有知识产权，培育相关技术的全方位人才。在全面掌握和应用CCUS技术后，还要从各个方面判断国内能否大规模应用，准确地把握未来经济社会发展的需求。

（2）相关规章制度的完善

二氧化碳的碳捕获与封存技术相较于一般国家还属于比较新型的技术产业，因此要想创造一个适合该技术健康发展的环境，首先要制定严格细致的相关规章制度。结合实际及发展趋势，研究项目选址优化、环境影响评价、环境监测、环境风险防控、环境损害评估、生物多样性保护等领域的技术原则和规范制修订方法，完善相关的环境标准和监管规范体系，强化环境影响和环境风险管控，积极参与和引导相关国际环境标准和规范的制定。

结合本地区已有的CCS、CCUS试验示范项目，针对各环节实际运行情况，评估项目当前和潜在的生态环境影响，逐步明确环境监管的重点领域，完善相应的评价技术方法，适时开展环境影响的后评估。新建的CCS、CCUS试验示范项目，应遵循全国主体功能区规划、环境功能区划等相关要求，重点关注封存场地选址、各环境要素长期性累积性影响、公众参与和信息公开等方面，严格竣工环境保护验收，强化全过程环境监管。

（3）建立完善的风险防控体系

去碳技术的应用，涉及相当专业的风险评估。试验示范项目应针对各环节存在的环境风险，识别潜在的影响范围、对象和程度，探索建立环境风险评估和预警防控体系，针对可能出现的突发性环境事件，研究制订应急预案和响应机制，与地方现有应急预案加强衔接，逐步推进预案备案工作，明确工程补救措施，强化源头预防、过程控制和末端处置的全过程环境监管，有效降低影响人群健康和生态安全的环境风险。

在CCS、CCUS技术的推广中存在的风险，重点围绕影响人体健康和生态环境质量的各种环境影响和环境风险，加强有利于碳捕集、利用和封存全过程环境监管的基础研究、技术研发和政策设计。结合各地实际，按照捕集、利用、封存的不同需要，探索建立环保经济政策激励机制，推动相关实用环保技术、装备等的示范和推广，促进环保产业发展。

2. 经济上的突破

去碳技术作为低碳经济技术，不管是在技术的开发还是在技术的应用上，都需要大量资金流入，单方面地依靠企业自身的发展解决是远远不够的。该项新技术往往在技术产业发展的初期就会由于资金投入不够而得不到全面健康的发展。因此，国家对于这种新型技术产业的支持不能单单只是政策上的鼓励，同时还要落实到经济上的支持。

全球碳捕集与封存研究院预计除非政府加强对这一技术的支持力度，为研发和示范项目提供更多的资金或者资助，否则更多项目将步履维艰。报告指出，"仅有现有的政策支持还不够"，目前只有少数小型碳捕集项目能通过出售二氧化碳给石油行业提高采收来支撑项目开支。

照目前的发展状况来看，假如政府在经济和政策上的支持有利于推进 CCS 应用，就能形成相关的系列产业。同时，如今全球各大经济体实施的碳交易制度，通过提高碳税交易价格，也正是运用市场经济这只无形的手推动企业研发更新更先进的减排技术，将碳资产真正实现其潜在的经济价值。制度倒逼技术的进步，技术的进步又反过来支撑着制度的运行和发展。因此，在该项技术上，经济是否得到支持主要是依赖于技术上的可靠性。

3. 技术上的突破

目前采用的二氧化碳捕获方法是将二氧化碳气体注入氨溶液中。据估算，当燃煤发电厂使用该项技术捕获储存二氧化碳时，需要消耗发电总量的四分之一。事实上捕捉"碳"并不难，但是完成碳捕捉项目的整套工序成本很高。如果在传统的发电厂中增加碳捕捉技术，会消耗发电总量的一半左右，那么只有将电力价格往上调整几乎一倍。正是由于这种不合理的经济原因，将阻碍通过立法调控碳排放。因此，找到一种可轻松捕获二氧化碳，又不需要高额成本的补碳方法将对于整个二氧化碳捕获、利用、封存技术的实际应用意义非常重大。本节分别从物理、化学、生物、微生物四个方面找到相应的研究方法是该技术得到突破。

（1）低能耗触发碳捕捉

麻省理工学院（MIT）和太平洋西北国家实验室分别研究发现了一种更为廉价的二氧化碳捕捉方法，有望将现行二氧化碳捕捉技术成本削减。该方法提供了一个低能耗触发碳捕捉物质的方式。这次的研究回避了现行的蒸汽法，转而运用电化反应来触发二氧化碳的释放。现行二氧化碳捕捉技术，由于成本高昂而未被广泛应用。在传统的方法中，电厂废气的分离需要借助胺类物质。当胺物质被加热后，二氧化碳会被释放，但这一过程会耗费大量的能量。MIT 的研究人员发现了一种无须加热便可将胺同二氧化碳分离的方法。他们启用了一种类似电池的装置，该铜质装置包含正负电机，能够利用电力回收胺物质。在进行了小规模的测试之后，研究人员计算出，这一过程释放的能量为 45 千焦每摩尔，比传统方法所释放的 77 千焦每摩尔的能量大幅减少。由于该方法均处于初期阶段，仅在实验室内进行了小范围的展示。MIT 的碳封存专家赫佐格表示，尽管 MIT 的这一方法相比传统方法而言是一个巨大的进步，但该项技术仍需进一步发展完善，并与实体工业进行有机结合。

（2）新型捕碳材料

据报道，加拿大卡尔加里大学和渥太华大学科学家成功利用 X 射线晶体成像仪和计算机模拟手段，对称为“棒球手套”的捕碳材料如何捕捉二氧化碳分子进行了观察和分析。科学家认为，该项成果为日后研发高效率、低能耗的捕碳新材料指明了研究方向。这次模拟不仅为以后的研发指出正确的方向，同时还提供了大量的试验方法和模拟方法。研究人员将捕捉二氧化碳的过程形象地比作棒球手套与棒球之间的关系，将球比作二氧化碳，将手套比作可捕获二氧化碳的材料。众所周知，不同尺寸的球，需要不同大小的手套，才能更好地进行匹配，以便球手能够更加容易接到来球。在本次计算机模拟中，渥太华大学负责计算机模拟研究的科学家表示，该项发现的另一个特别之处是实验室内预测结果和计算机模拟的结果之间表现出非常好的一致性。因此，这一研发与模拟不仅证实了实验预测结果，同时也为之后的假设提供有力的证据。这种计算机模拟方法现在就可以更令人放心地应用于发现和预知材料的捕碳性能，在实验室制作某种捕碳材料之前，可先在计算机上进行模拟，以减少时间和精力的浪费。研究人员认为该项研究成果可以应用到多个方面，不仅可以帮助大型工业产业降低二氧化碳的排放量，还可帮助非常规天然气资源中的二氧化碳成分的过滤。

（3）转基因酶的利用

美国加州雷德伍德的克迪科斯公司的研究人员正在利用转基因酶。这种酶的利用将降低碳捕捉的高额成本，据估算如果将这种转基因酶应用到发电厂的碳捕捉中，那么电厂方面电价上涨将小于 1/3，有效缓解与用户之间的矛盾，也可以试着利用立法来调控碳排放。据研究人员数据统计，如果这种新酶用于碳捕捉的溶剂，将提高碳捕捉效率，预计甚至可以提高 100 倍。传统的捕捉二氧化碳的标准方法是使用一种叫作单乙醇胺（MEA）的溶剂。溶剂吸收二氧化碳，把它与其他气体区别开来，进行捕获与压缩。当储存二氧化碳时，必须加热释放气体，这一过程将产生压缩的并可永久储存的纯净的二氧化碳气体流。完成这些烦琐的步骤所需的能量使得发电厂的输出功率降低30%，加上捕捉二氧化碳所需的其他设备和材料，最终将导致电力的价格上升约80%。然而克迪科斯公司的方法能将这种电价上涨限制在35%或更少的比例内。

（4）真菌固碳技术

来自瑞典农业科学大学的女性科学家发现，储存在北方森林中的碳很大比例不是从下面进入土壤的，而是通过根和它们相关的菌根真菌起作用的。封存于土壤中的碳，有一半以上来自与植物根系周围的真菌。因为植物光合作用可使碳直接转运到土壤中并被封存起来。

科学家采用同位素标记和分子技术来推断一个普通真菌群——菌根真菌，判断是否能将碳封存在根系周围的土壤中。从本质上讲，真菌通过它们的植物宿主增加了去除大气中二氧化碳的能力。然后一部分的碳分配给菌根真菌，用于构建扩展到土壤的菌丝。菌根碳保留在土壤中的时间越长，对土壤碳封存能力的贡献就越大。显然，这个发现最直接的意义是，提示目前的生态气候模型应该进行修改，需要考虑真菌的作用。只有进行这样的修订，才可更精确地预测森林管理实践（如疏伐）和环境变化是如何影响碳储存的。

因此，去碳技术的发展需加强国际间的合作。同时，在全球共同应对气候问题这个大环境下，稳定、快速的推进并建立有效的技术交流、信息共享机制是迫在眉睫的。

四、中国去碳技术与国际水平差距

随着环境的日益恶化及能源的日益紧张，国际社会渐渐将目光锁定在CCS这一低碳技术的发展与应用上。近年来美国、欧盟、澳大利亚等经济体纷纷出台各项CCS发展规划，同一时间多个国际CCS组织也雨后春笋般地涌出，这种技术之间的交流与发展显示出CCS技术良好的国际合作前景。

（一）中国去碳技术现状

中国的去碳技术萌芽于20世纪90年代，21世纪初期技术得到一定程度上的发展，从2006年开始，由于国家提出“十一五”能源效率提高20%，主要污染物排放减少10%的目标，并采取强力措施推进“节能减排”战略后，CCS这一低碳技术在我国得到了极大的重视。众所周知，要实现这些既定目标，就要依赖各高耗能行业的节能减排。结合如今的能源现状，其中一个有效手段就是发展清洁煤技术，提高发电效率并减少二氧化碳的排放。虽然发展CCS技术路线仍然没有突出优越性，但从能源战略方面思考CCS技术的发展仍然占有重要地位。

技术创新已作为能源发展的战略措施之一。目前，中国拥有自主知识产权的发电技术已越来越多。CCS作为未来能源发展和气候保护的重要战略储备技术，我们应该充分掌握拥有独立知识产权的技术生产力和创新力，再结合国内的国情，将我们的优势发挥到最大。例如制造成本低、人力资源雄厚、设备配置完全等。只有这样我们才能将CCS技术推广并发展，在不久的将来很可能CCS技术成为新的制造中心，创造有一个技术出口机遇。从另一个方面来看，CCS技术不是一个独立运行的流程而是一个需要其他技术设备配合的全流程系统工程，据不完全统计CCS的运行将涉及化工、环境、地质等诸多领域，同时CCS的研究、发展与应用，将会使化工、发电、地质等其他领域技术获得突飞猛进的发展，从而带动一大批相关领域的科技创新与发展。

1. 国内碳捕获与封存项目状况

在去碳技术这一领域，中国是一位实实在在的“晚到者”，其他欧美国家相应技术都发展得比较成熟的时候，我们才懵懵懂懂地加入这一低碳技术的行列。但是考虑到我国的能源现状及今后的发展，国内的研究人员仍然积极地推动该项技术的发展与应用。在不到20年的时间里面，我国也相继出现大大小小的去碳技术相关的系列工程。下面简要的介绍国内CCS技术发展的历程。

（1）内蒙古自治区鄂尔多斯开工建设的CCS全流程项目，是神华集团在国内首个完整的CCS技术项目。虽然，这项工程的碳捕集成果在国内称得上第一，同时也取得一定的成绩，但由于只限于单纯的CCS中的碳捕集，因此不能称之为完整的CCS技术。

（2）华能石洞口第二电厂二氧化碳捕捉项目被称为“全球最大的燃煤发电厂二氧化碳捕捉项目”，总投资达到1.5亿元的项目，但在该项目在运行之后是将捕集到的二氧化碳卖掉而不涉及利用及封存的阶段，因此，算不上是完整的CCS全流程项目。

（3）为了将二氧化碳驱油技术投入生产，2009年年底中石油集团在吉林油田开展二氧化碳驱油的实验。该项试验是通过注入二氧化碳把藏匿于地底下岩石孔隙中的石油挤压出来以增加石油产量。这项试验将封存二氧化碳技术的应用推向一个新的台阶，具有不同凡响的意义。但由于不涉及碳捕获、运输过程，所以也不能称之为意义上的“CCS 全流程”。

（4）神华集团 CCS 项目采取的是全流程捕获、运输与封存技术。将生产线中产生的二氧化碳进行捕获，压缩处理后用低温液体槽车运送到封存区域，然后将二氧化碳注入地下咸水层中封存，达到真正意义上的二氧化碳捕获、运输与封存的全流程。

与前面所有的项目探索运营相比，鄂尔多斯的神华集团项目到目前为止，不仅是中国第一个，也是世界第一个把二氧化碳封存在咸水层的全流程 CCS 项目，因为整个 CCS 项目中包括了完整的二氧化碳捕获与封存的步骤，项目投入使用后也将是同类工程中亚洲地区规模最大的，在今后的发展中可以给其他类似项目提供更多的数据和技术支持。这也使得神华集团 CCS 项目更显价值。

（二）国外去碳技术现状

从 20 世纪起，欧美等发达国家先后接触到去碳技术的雏形，在不断地研究和发展后，逐步将去碳技术运用到大规模的生产中，一方面减少气体排放实现减少污染的目的，另一方面合理地利用生产中得到的二氧化碳气体，再通过各项技术的支持实现二氧化碳变废为宝的过程，体现其隐藏的经济价值。近十年，全球能源产业都将目光集聚到去碳技术上。下面介绍几个在去碳技术领域比较领先的国家。

1. 瑞典和英国

瑞典能源巨头——瀑布能源公司在 21 世纪初就接触到 CCS 技术，前后为之总投入 7000 万欧元，成为世界上第一个开始运作 CCS 的公司。随着全球能源产业都将目光集聚到去碳技术上，英国政府也决定在 2014 年之前，投入 10 亿英镑建立一个 CCS 示范工厂。同时英国政府提出相关规定，所有新建电厂必须捕获和封存至少 25% 的温室气体，到 2025 年要捕获和封存 100% 的气体。

2. 法国、丹麦、德国

在瑞典和英国之外，欧洲其他国家的 CCS 项目已是百花齐放、百家争鸣，欧洲在该技术上的提速意在争当 CCS 项目上的第一。法国的道达尔集团在法国西南部建立的试验工厂，是世界上最早包含了二氧化碳捕捉、运输和封存全流程的 CCS 项目，其整体性为后来的项目提供了数据参考。欧盟早在 2003 年就开始在丹麦、德国、挪威启动了二氧化碳封存技术在发电厂中的研究和应用，其研究项目还包括地质特征分析、化学模拟以及二氧化碳在封存过程中可能发生的状态变化等。

3. 美国、加拿大

北美国家同样不甘示弱，以美国为主，从20世纪中期开始CCS技术的研究，现如今在CCS技术的研发方面美国已经占有举足轻重的地位。美国能源部也计划在未来10年内继续投入大量的资金，在美国七个地区进行CCS项目实验。作为美国的邻居，加拿大政府同样重视去碳技术的发展与应用，在过去10年中，投入20亿美元用于开发碳捕获和封存技术。

（三）中国与国际水平存在的差距

在世界上，中国是碳捕获和封存技术研究与应用这一领域的迟到者。据相关资料统计介绍，当20世纪90年代中国刚接触CCS技术的时候，其他发达国家基本上已经达到CCS技术的研究与试验阶段的能力，技术与设备上的差距不言而喻。

尽管如此，中国也不能气馁，不能忽视碳捕获、利用和封存技术的潜在力量。相反，考虑到中国的能源结构现状，我们更要投入精力和人力到这一领域的研究和探索。中国是世界上煤炭消耗量最大的国家之一，由于前期大量的煤炭投入生产，中国目前的能源消费结构已出现严重的裂痕，同时由于煤炭产业的生产带来的环境污染问题也越来越得到重视。在这样能源和环境问题同时提出挑战的时候，中国应该调整自己的能源战略发展计划，而二氧化碳捕获、利用与封存作为一种低碳技术，正好迎合我国目前的发展需求，是可以作为我国能源发展中一项战略性的技术储备。

第七章　低碳技术创新战略

中国政府一直致力于加强低碳技术，以实现转变经济增长方式和发展新型低碳经济。尽管从人均生产总值和人均二氧化碳排放量来看，中国都远远低于美国和日本，但随着中国经济总体体量跨入世界第二的地位，来自国内国外对能源和气候问题的关注和压力进一步加大，中国迫切需要实现低碳技术的创新勃发。然而，面对与国外发达国家在低碳技术方面的巨大差距，合理的低碳技术创新战略的重要性尤其凸显。因此，本章就中国低碳技术创新战略从不同角度进行了梳理、分析和总结。

一、低碳技术创新机遇与挑战

（一）低碳技术创新机遇

虽然，中国在低碳技术的研发和创新方面着实面临着相当的困境，但国际国内的总体环境仍然为中国低碳技术的发展和突破提供了宝贵的机遇。

1.提供了更加重视低碳技术创新和可持续发展的外部环境

以高消耗的化石能源为核心的传统经济模式的不可持续性，以及对人类生存环境的破坏已经是全球各国的共识。发展创新低碳技术，减少对化石能源的依赖，发展低能耗、低污染和低排放的低碳经济，形成可持续化发展也逐渐被各国政府认可和接受。作为未来经济的发展方向，发展低碳经济也成为各国政府应对全球经济萧条，提高国家竞争力的重要手段。近年来各国政府都不遗余力地支持低碳技术的发展，陆续推出了众多提高低碳技术创新、发展低碳经济的政策和法规，希望通过技术创新来抢占未来经济的制高点。发达国家对于开展国际间低碳技术合作创新的重视，已有低碳技术的梯度转移，为我国低碳技术的发展提供了较好的国际环境，并通过引进和模仿迅速构建起实现进一步创新的基础。中国政府更加重视通过实现低碳技术创新，抓住这一次产业升级和结构调整的宝贵机会，从上到下全力推动低碳技术的创新和低碳经济的发展，并为此推出了诸多相关绿色政策。因此，国际和国内都为低碳技术创新和可持续发展提供了良好的外部环境。

2. 提供了更加充裕的低碳技术创新资本

低碳技术的研发和创新除了需要得到环境的支持，更需要充足的创新资本进行先期投入。而受全球经济危机的影响，低碳技术创新得到了较好的资本投入机遇。首先，因为在全球经济危机中，西方发达国家受到的冲击最为直接和严重，全球金融市场持续动荡，多国经济发生严重危机，美国等老牌发达国家则在促进危机的解决和恢复经济复苏的行动中表现乏力，而中国则保持了平稳的经济发展，成为全球经济复苏的焦点和希望，因此，中国市场成为国际资本的避风港。其次，从市场表现来看，涉及低碳技术的产业，如清洁能源等具有高科技含量、高质量和高利润的特点，因此成为了国际长线资本的投资目标。再者，我国为了应对经济危机的冲击采取的多项经济刺激措施都对发展低碳技术产生了直接或间接的促进作用，如 4 万亿元的投资直接为低碳技术研发提供了资本支持，而金融领域内采取的多项金融货币政策，例如提高了我国商业银行的信贷规模、重新启动了非金融类企业中期票据的发行、降低人民币贷款的基准利率以及中小金融机构的人民币存款准备金率等等措施。这些政策将有助于缓解当前我国中小企业的融资难等问题，同时，也为企业投入更多资金到低碳技术的改造和研发中起了促进作用。

3. 提供了新能源技术引进和国际低碳技术合作创新的契机

根据我国近年来所进口的低碳技术分布数据显示，出口国主要是美国、德国和日本。迫于金融危机后，社会经济恢复和发展的需要，发达国家开始将低碳技术作为突破口，因此为中国新能源技术引进和国际间开展低碳技术合作研发提供了良好的契机。首先，金融危机后，为了社会经济恢复和发展的需要，许多美国和欧洲的公司都改变了之前的出口政策，放松了低碳技术的出口限制，许多大型企业和中小公司都愿意以较为低廉的价格将并不是特别尖端的低碳能源技术和次要关键技术进行出口，有的将公司资产或控股权都放开进行出售，因此，成为一个难得的契机。其次，国际社会正在普遍联合起来，督促发达国家真正实现其承诺，履行责任，有效消除在低碳技术转让和转移当中存在的长期障碍，加强国际技术合作。因此，基于这一新趋势，中国应该积极抓住此次机遇，积极参与世界竞争态度的新变化，从而获得更有利的国际地位和更有影响力的话语权，最终提升中国的国家竞争力。

（二）低碳技术创新挑战

1. 低碳技术储备和积累不足

中国低碳技术的储备尤其是核心技术的储备，目前还远远滞后于西方发达国家。从当前世界低碳技术发展整体情况看，美国通过大量的资本投入从而在碳收集和存储等低碳技术方面都具有一定的技术储备优势。而欧洲和日本同样取得了不小的先发地位，利用财政补贴、税收减免等激励措施，形成了低碳技术的创新积累。如欧盟拥有全球领先的风电设备制造商 LM 和维斯塔斯集团，而日本则拥有颇有影响力的混合动力汽车制造商丰田和本田。以此可见，中国低碳发展将有可能面临一种尴尬的情形，即选择投入大量时间和资本从基础技术开始构建低碳技术体系还是冒着被发达国家专利绑架的风险来直接引进成熟的低碳技术。

然而，除了核心技术的积累缺失尚需长期努力，一些在研和已经应用的自主研发低碳技术却仍然是简单的模仿和照搬，这种盲目的行为除了存在水土不服的问题，还会直接影响我国许多企业和机构进行低碳技术自主创新的积极性。以风力发电设备为例，由于中国与欧洲巨大的自然环境差异，导致能在欧洲自然环境下运作正常的风电生产设备在中国却问题百出。因此，简单地照搬照抄国外技术，而不结合本土特性进行研究，将导致未来专利自主能力的丢失，更可能为我国低碳产业未来发展埋下地雷，最终导致中国在国际碳交易市场处于被动地位。同时，必须警惕某些发达国家，如日本通过输出低碳技术来占领市场，一旦由它们形成产业标准，那么我国技术后期发展将受到极大限制。

2. 科技创新能力不足

目前中国由“高碳”向“低碳”转变的一大挑战就是整体技术水平的落后。不管是从科技投入强度还是从投入构成看，都离发达国家的水平相去甚远。科技能力不足、研发投入不足是我国科技自主创新能力不足的重要原因。由于自主创新存在着许多的不确定性，还必须承受创新成果容易被盗版、流失的风险，从而使得技术自主创新环境、条件更为苛刻。

从资金方面看，低碳技术的自主创新，低碳经济的长期发展，都需要大规模的资金投入，因此成本高昂。麦肯锡的一份研究报告指出，中国如果要构建绿色经济体系，那么从现在开始到2030年总共需40万亿元，年均约1.8万亿的投入。而从多次国际谈判的情况来看，发展中国家要求提供的资金远远超过已经提供给发展中国家平移转型成本的资金。即使目前已经有一些发达国家与发展中国家签订了资金供应的协议，但离发展中国家的资金需求缺口依然差距巨大。因此，如果缺乏发达国家的大力支持，许多发展中国家的低碳转型过程将会十分艰难。尽管中国努力推动低碳技术的自主创新，并且已经将科技研发投入的比例大大提高，例如从2004年的1.23%上升到了2005年的1.34%，从2006年的1.41%再上升到2007年的1.49%。但依然难以弥补中国长期以来在科研方面的投入缺失和基础研究积累的匮乏，在提振科技自主创新能力方面依然任重而道远。

3. *存在技术转让和技术应用方面的障碍*

国际技术转让困难重重。联合国开发计划署在2011年发布的《2010年中国人类发展报告——迈向低碳经济和社会的可持续未来》中指出，中国如果要实现低碳经济的目标，那么至少需要60余种骨干低碳技术支持，然而目前，这60多种技术中的42种，中国依然没有掌握。这表明，中国70%的减排核心技术需要进口。尽管发展中国家一直呼吁发达国家将本国成熟的节能减排技术免费转让给发展中国家，但实际上合作实质性突破不大，低碳技术和资本从发达国家向发展中国家的转让和转移困难重重。在经历金融危机之后，许多发达国家都将发展低碳经济作为度过经济创伤期、实现突破和新时期发展的契机，因此，发达国家仍然缺少进行低碳技术转让和转移的意愿，甚至还以保护知识产权为名，想方设法设置技术和标准等方面的壁垒，意图确保其低碳技术和经济的竞争优势。同时，通过主导制定有利于它们的国际节能环保标准，迫使其他发展中国家必须以高昂代价进口其技术装备，从而限制和阻碍发展中国家的相关产品输出，其实质就是为了保持对垄断利润的攫取。

低碳技术的产业化需要突破许多障碍。世界可持续发展商业委员会（WBCSD）通过总结相关实践经验给出了10项低碳技术产业转化的障碍，并对相关政策制定给出了一些建议，包括：低碳能源价格问题、高前期成本和长回报期问题、技术扩散慢、根深蒂固的商业模式、消费者和能源需求的多样性、信息失灵、分散激励、投资和风险的不确定性、消费者行为和投资成本高于预期。另外，还存在一些体制障碍，包括知识产权障碍、资金障碍、政策障碍、信息障碍、机构障碍和促成环境不足等。

4. 中国低碳技术创新的体制障碍

（1）中国低碳技术创新投入和激励体制障碍

作为深深嵌入社会网络中的重要实体——技术的发展和创新必然会受到来自社会网络中主体的互动影响，那么，在一定的社会网络的结构下，社会制度与技术会在网络中呈现出相互影响、共同进化的过程。如果只有技术在发生进步，而制度保证缺乏，那么再先进的技术也只能被束之高阁，而无法进行产业化。如果技术不能实现产业化，那么也就无法对社会经济的增长发生作用。低碳技术的自主创新往往依赖于不同一般技术的基础设施和辅助系统的支撑，同时，传统能源系统和技术的基础设施的运行生命周期通常较长，因而现有高碳技术的支撑系统会对低碳技术创新产生阻碍。在高额的替代成本之下，即便有着更为先进的低碳技术可供选择，但政府和金融机构、企业仍然不放弃对现有技术和基础设备的支持，那么低碳技术还是无法得到推广和运用。当前基于高碳能源的社会网络系统已然形成了一个技术与制度的综合体（Tech-no-Institutional Complexes, TIC），其中传统技术创新系统与传统制度体系紧密联系，因此，要实现低碳技术自主创新就必须打破原有制度的束缚，建立一个有利于生态环境保护的利益分配制度体系，才最终能促进低碳技术创新。

由于缺乏有效的激励机制，我国在低碳技术方面的研发已经非常薄弱。在资金方面，我国低碳技术研究项目主要依靠着政府或是国际机构的拨款和贷款，甚至是捐款，依然还没有形成一种稳定的投入机制。此外，我国金融机构对于低碳技术项目的支撑也不足，面对高风险，银行往往不愿意选择低碳项目进行融资，即使投入数量也非常有限，根本不能满足低碳技术自主研发的资金需求。当前我国虽然也出台了一些与低碳技术研发有关的优惠政策，但鼓励作用有限，随着体制的变革以及机构的变化，已经出台的一些政策也名存实亡，不能够真正得到落实。

（2）中国低碳专利体制障碍

据相关部门统计，自 2005 年以来，我国低碳技术专利的申请数量呈现了爆发式的快速增长。如 2004 年的低碳技术申请量不足 1000 件，而在 2006 年就超过 3000 件，在 2008 年已经超过 6000 件。这一系列数字充分表明了近年来我国在低碳技术研发领域持续投入和激励的成果。但是与国际低碳技术发达国家相比，我国的相关专利发展却存在明显差距。

首先是总体上，我国低碳技术专利申请总量基数偏小。例如在先进交通工具领域，主要是电动汽车的技术专利，我国申请数量只占到了全球的 5%；在碳捕捉与碳存储专利技术领域，我国专利申请总量只占全球的 8%。这种专利申请总量上的差距，确实说明了我国低碳研发整体技术水平与发达国家相比，明显存在着不足。

其次是高校和科研单位申请的专利数量多，而企业申请专利数量较少，较少存在研发能力突出、专利申请数量大的企业。从具体数量排序来看，我国低碳技术领域专利申请数量排名的前 5 名当中，就有 4 家是高校，而仅仅有 1 家是企业。反观国外，例如从 1990 年至 2009 年，日本丰田公司在先进交通工具领域申请的全球公开专利数量就超过 5000 件，而同期，我国的汽车各类生产厂商没有一家的申请数量能够达到百件以上。

再次是向国外发出的专利申请数量少。尽管国内的低碳技术专利申请数量增长较快，但是我国专利申请人向其他国家和地区提出的低碳技术专利申请量却很少。例如在燃料电池领域，从 1985 年到 2009 年间，我国机构和企业向美国、欧洲、日本和韩国四个国家和地区发起的燃料电池领域专利技术申请总量还不到 200 件，占其受理专利申请总量的比例不足 2‰。

最后是我国低碳技术专利申请中的核心专利技术申请量依然较少。在对我国所有低碳技术专利的统计中可以发现，发明专利比例刚好过半，但专利申请质量却极不乐观。例如，在太阳能技术领域，虽然我国太阳能技术研究和应用已经十分活跃，并且形成一定规模的光伏产业，但是，我国太阳能热利用的专利申请中，绝大部分集中于太阳能集热器的构件、零部件、附件或太阳能热水器，而纵观国外的太阳能技术专利，则主要集中在太阳能建筑一体化或者太阳能的综合利用上。因此，国外的技术更多集中于整体技术系统，而我国的太阳能技术则更多停留于零部件，整体技术水平偏低。因此，继续完善专利制度，并推动低碳技术自主创新和对核心技术专利的突破依然十分必要。①

二、低碳技术创新目标与重点

（一）低碳技术创新目标

从长远来看，低碳技术创新的目标是依靠科技的进步和创新，来应对气候的变化和促进人类社会的长期可持续发展。但是，这不仅仅是整个世界所需要肩负的责任，以及我国所需要实现的对减缓世界气候变化的承诺。同时，基于低碳

① 杜人淮：《国防工业低碳经济转型：机遇、挑战及应对》，《经济研究参考》2010 年。

技术的发展而兴起低碳经济，更是我国当前和不远的未来所需要面对的严峻机遇和挑战。因此，我国低碳技术创新的目标，不仅仅是节能减排、优化环境、实现经济效益和生态效益的均衡，更是需要突破技术自主创新的障碍，从而保证我国社会经济在未来全球经济中的竞争力。

低碳技术创新是以社会可持续化和全面发展为目标的创新方式。传统的技术创新观大多数以"增长优先"为原则，认为经济的增长才是首要的，其他的负外部性问题可以在后来逐步解决，从而在某种程度上间接促成了生态危机和社会危机。而低碳技术创新则力图避免这一存在弊端的思维方式，认为社会发展应该是包括了经济、政治、文化、生态环境等全面协调和多元目标整合的发展，技术创新的效益是包含了人和社会的发展效益和生态环境效益。在生态环境方面，技术创新活动既不能污染环境，也必须有利于保持生态平衡。

在经济效益方面，以社会整体的经济价值最大化为前提，同时保证资源消耗的最小化，这种经济价值的最大化包含了社会和生态环境，将以前的外部性进行了内化，技术对于环境的影响也归入了成本和收益的计量范畴。从这一角度来看，低碳技术创新是实现这一目标的最佳途径和方式，应以实现经济效益与生态效益的均衡为目标。

同时，低碳技术也有利于社会效益的实现，低碳技术创新所带来的低碳式的生活工作方式和理念，将有利于整个社会的和谐与稳定，有利于人与人之间重新建立和维护和谐的人际关系以及群体关系，更有利于提高人的生活质量、拓展人和社会的发展空间和全面发展等。因此，低碳技术创新的指导思想符合科学发展观的内在要求，必将成为全面实现小康社会进程中的强大推动力。

（二）低碳技术创新重点

基于我国当前低碳技术和相关技术发展的基础和特点，我国低碳技术自主创新可以被划分为渐进性的低碳技术创新与突破性的低碳技术创新。从理论内涵看，渐进性的低碳技术创新是指对现有能源和低碳技术的非质变性的改革与改进，是针对当前市场上主要能源消耗的需要而进行的一种线性、连续的低碳技术研发过程。而突破性的低碳技术创新是相对于渐进性提出的。

对于低碳技术的创新，可以将可再生能源类的低碳技术视为对传统技术的一种突破，因此，是一种突破性创新，Foffert 等人就持有此类观点。他们认为传统能源技术无法满足当前世界发展形势的需求。可以将低碳技术创新看作是一种包含渐进性创新的突破性创新，同时，在应用这一技术的过程中，由于学习效应的存在，技术收益和变革都会随着产业应用的成熟而呈现递增的状况，这就是低碳技术的渐进性创新。在产业发展的过程中，传统能源将逐步被取代，但是，这并不是单方面可以发生的，例如应用风能发电，需要国家对全国电网进行改造，而消费者同样需要更多购买风能电力来拉动风能发电产业的增长。因此，这是一个渐进性创新和突破性创新相互融合和相互作用的过程。我国低碳技术创新同样符合这一科学过程。但为了避免未来在核心技术方面受制于人，并且基于当前技术发展薄弱，良好的制度环境还未得到完善的事实，我国低碳技术创新必然需要实现渐进性创新和突破性的创新齐头并进的局面，然而要实现这一点将十分困难，必须得到政府和公众的共同支持和努力。

重点支持四大行业的低碳技术创新及产业化：一是煤炭行业。针对煤炭行业中各项关键环节，如开采、洗选、环保处理等，建立多项创新和产业化示范工程，如绿色煤矿项目、高效综采技术、低碳选煤技术、褐煤干燥提质项目等等。二是电力行业。我国电力行业中能源消耗和二氧化碳排放最大的是火电，因此，主要面向火电领域进行一系列的技术改造和研发创新，如对主流火电发电机组进行技术改造，热电联产研发，电站锅炉余热充分利用技术研发、冷源节能技术研发、湿式冷却塔均衡进风技术、发电机节能增效技术等，并创建示范工程。三是建筑行业。落实我国建筑业发展方式转变和产业结构调整要求，面向新型建筑结构体系、建筑能源节约设备等具有较大潜力的低碳发展方向，重点攻克装配式轻钢混凝土住宅构建技术、太阳能一体化建筑技术、冷热设备节能技术、可再生能源供能技术、工业余废热利用技术、节能型保障房建设技术等重要技术，并创建相应示范工程。四是建材行业。由于水泥、玻璃等建筑材料都是高耗能型的材料，为了减少这方面的能源消耗，需要重点攻克的技术包括：水泥高固气比节能技术、水泥生产废弃物处理技术、混凝土性能提高技术、泡沫混凝土保温板技术、玻璃生产节能技术、建筑陶瓷循环利用技术、玻璃纤维氧燃技术等，并创建相应示范工程。

三、低碳技术创新原则与思路

（一）低碳技术创新原则

科技进步和大力推进技术创新是树立和落实科学发展观的关键，低碳技术创新必然遵循科学发展观的指导。在党的十七大报告中，胡锦涛指出：“加强能源资源节约和生态环境保护，增强可持续发展能力，坚持节约资源和保护环境的基本国策，关系人民群众切身利益和中华民族生存发展”。在 2007 年 9 月的亚太经合组织（APEC）第 15 次领导人会议上，胡锦涛明确主张加强低碳能源技术的研发和推广，发展低碳经济。在 2008 年“两会”当中，“低碳经济”这一议题由全国政协委员吴晓青明确提出。他认为“应尽快发展低碳经济，并着手开展技术攻关和试点研究”。提高能源效率，加强清洁能源技术的研发、创新和生产，并最终改善能源消耗的结构是当前中国发展低碳经济的重要基础。其中，低碳技术的创新更是发展低碳经济的核心，最终目标是改善气候变化，实现人类社会的可持续发展。通过技术创新和政策创新，实施人类社会能源生产和消耗模式的变革。发展低碳经济的关键，就在于通过低碳技术创新，使得经济发展模式和社会消费模式摆脱原来的粗高能耗、高污染和高排放，向低碳模式进行转变。

低碳技术创新能力已经成为了国家核心竞争力的重要标志。所谓低碳技术创新，是以“三低”（低能耗、低污染、低排放）和“三高”（高效能、高效率、高效益）为目标和要求，通过研发投入和能源技术创新实现能源消耗结构的改善，从而达到保护生态环境和实现可持续发展的技术创新模式。有学者认为，在指导低碳技术创新方面，宏观层面上应该以低碳式经济发展为创新方向，在中观层面上应该以节能减排为创新方式，在微观层面上应该以碳中和技术为主要创新方法。在当前知识经济、信息化时代，低碳技术创新模式顺应了社会对于人与自然和谐共存和发展、社会和人类全面发展的要求，在经济增长的前提下，改变传统的以获取经济利益为单一目标的技术创新指导思想，基于科学发展观的内涵，从多个方面促进低碳技术创新。

因此，可持续发展原则是低碳技术创新的基本原则①。这一原则基于科学发展观，将协调可持续发展思想融入技术创新实践过程。可持续发展是科学发展观的根本要求。首先，低碳技术创新所要实现的是技术创新系统中，如何将环境子系统的发展要求与技术创新系统相融合，并实现系统发展的均衡和可持续化发展。其次，在社会建设方面，在协调发展原则指导下的低碳技术创新，应该以平衡社会收入差距，缩小城乡经济社会发展差距以及地区发展差距为目标，从而缓解人与自然日益加剧的矛盾，最终实现社会经济的全面、高速和协调发展。将社会的发展速度与自然生态的发展和保护实现协调，平衡不同社会阶层以及利益群体的利益分配关系。从自然生态视角，低碳技术创新也是以“人与自然的和谐”为目标，协调资源的利用、再生与开发，缓解因为一味发展经济而导致的人类生

① 田力普:《低碳技术专利申请增长迅速，仍有不足》,《创新科技》2010 年。

存与环境污染的矛盾。

首先，低碳技术创新确立的目标是经济、社会、环境的协调发展。坚持低碳发展与经济发展相互促进、坚持能源节约与可再生资源开发利用并举。坚持科技先导、自主创新，技术进步推进；坚持政府引导、总体谋划、突出重点，提高竞争力；坚持与现行节能减排、循环经济、生态经济政策相结合。其次，需要保障自然资源的可持续利用，自然资源是社会经济可持续发展的物质基础，离开自然资源，人类社会将走向灭亡，因此，保证资源的可持续利用，就是保证人类社会的永续性发展。再次，低碳发展观应该成为人类发展的核心观念。创新来自于人，只有人类在执行创新的过程当中，自觉地以永续发展为目标，才能从根本上促进低碳技术创新的实现和低碳技术创新的发展。只有低碳技术创新的理念，得到人类的共同认识和一致遵从，才能真正得到普遍的实现，才能转化为人类社会可持续发展的核心动力。从而逐步解决现存于社会发展当中的各种矛盾和冲突，克服传统发展观念，实现人类的全面发展和共同进步。

（二）低碳技术创新思路

低碳经济本质上是一种减少对环境的污染，即减少温室气体排放，缓解气候恶化的新兴经济发展方式。要求对人类能源消费方式、社会经济发展模式，甚至生活方式都必须发生根本变革。因此，被许多人认为是在工业革命和信息革命之后，未来世界经济的必然走向。从当期国际发展低碳技术和经济的经验来看，其中最重要的两个方面就是产业结构升级和低碳技术创新，这两者如 Perez 指出的，其实是不可分割的两个支柱，技术创新必然会引致产业的创新，新的产业反过来会进一步对技术的研发创新提出更高的要求。在人类社会每一个技术革命当中，都会有一两种技术成为核心，并带动经济社会向新的发展模式转变，从而改变企业家、经纪人和开发人员的思想和行为模式。

最近几年来，我国面对不断增长的能源消耗和越发严峻的环境污染压力，进一步加大力度和决心来提高节能减排的水平，促进低碳经济的发展，从而更好地应对未来气候的变化，以及国际绿色经济壁垒的挑战。例如，我国已经成立了“应对气候变化工作领导小组”，并且连续出台了如“中国应对气候变化国家方案”、“可再生能源中长期发展规划”、“中国应对气候变化的政策与行动”等重要政策文件，还规划将绿色 GDP 指标作为地方和企业的考核指标，形成硬性的约束。同时，积极推动产业结构的升级等等。此外，还将我国低碳技术创新战略的重点围绕产业调整和技术创新进行展开，着重在电力、交通、建筑、冶金等部门，进一步推动对节能技术、可再生能源生产利用、新能源技术、煤的清洁高效利用技术，以及二氧化碳捕获与埋存等技术领域进行投入。这些技术的突破将推动某一部门或产业的快速转变和发展。同时，其本身也会主动增加对相关低碳技术的研发投入，促进低碳技术的进一步创新，最终形成良性循环。

遵循可持续发展原则，以及经济效益和生态效益的均衡，我国低碳技术创新的总体思路内涵是，减少煤炭、电力、建筑、建材等重点行业的碳排放总量，重点放在低碳技术的研究和创新以及产业化上，在多个重点领域开展提高生产工艺、限制温室气体排放，使用清洁能源等活动，做好低碳技术产学研合作的示范，改造传统产业，实现经济的可持续化发展。

四、低碳技术创新布局与突破

（一）低碳技术创新布局

近年来，各国都争先在低碳技术创新方面进行战略布局，除了响应全球对于环境保护的呼吁，积极应对未来气候变化之外，都寄希望于通过低碳技术的发展和创新来创造社会经济发展的新思路、新机遇，从而在全球化经济发展中获得先机。美国在低碳技术研发方面布局紧凑，美国总统奥巴马更是在国会上宣称“在绿色能源竞争中，美国决不接受世界第二的位置”。为了抢占低碳经济的领先地位，我国需要从低碳技术研发和低碳经济发展的角度进行全面布局和突破。

由于未来五到十年仍然是我国能源转型初期，同时向全球作出重大减排承诺的中国目前已开始明确地将减排目标和经济发展相结合，因此，自 2009 年以来我国已经为代表未来创新方向的低碳技术发展谋划布局。据发改委官员预测，到 2015 年，由创新低碳技术支撑的中国节能环保产业总产值将达到 GDP 的 7% 到 8%。具体来看，近期总体布局主要表现在以下几个方面。

1. 光伏技术

光伏技术，也就是利用光伏效应产生的光与电流的转换，当以硅生产的太阳能材料接受太阳光的照射，就可以将光线转化为电流，并通过一定设备进行储存和传输，最终实现发电[①]。这种以硅为原料，进行太阳能发电设备的开发应用

① http://h560u.blog.163.com/blog/static/32833495201094112718638/.

和销售形成的产业链就被称为光伏产业，具体可以分为：太阳能电池生产、高纯多晶硅原材料生产、太阳能电池组件生产和相关太阳能生产设备的制造等多个环节和产业。尽管近几年来，我国在光伏产业发展方面遭遇寒流，但从技术上看，利用太阳能的最佳方式仍然是光伏转化。

光伏发电产业链从上游到下游，主要包括多晶硅、硅片、电池片以及电池组件。在产业链中，从多晶硅到电池组件，生产的技术门槛越来越低，相应的，公司数量分布也越来越多。因此，整个光伏产业链的利润主要集中在上游的多晶硅生产环节，上游企业的盈利能力明显优于下游。

由于金融危机对我国光伏产业产生了较大的影响，我国财政部和科技部联合制定并开展了一项被称为“金太阳”的产业扶持工程。主要方式是以国家财政补贴的形式，支持国内光伏市场的发展，目标是在全国范围内，建造多个光伏发电示范项目。这一工程与此前出台的专门针对太阳能一体化建筑的“屋顶计划”有很大不同，其重点是光伏发电项目，并且补贴比率对于并网发电的项目达到了50%，同时，对于初装成本较高的离网项目，补贴比率更达到了70%，以弥补其平衡系统带来的高成本。从而有利于推动突破光伏技术发展，突破发电成本偏高的技术经济性瓶颈和核心技术缺失的短板。

2. 新能源汽车技术

新能源汽车技术支撑着我国电动汽车行业的发展。作为我国的战略新兴行业，从2009年以来，我国政府相继出台了许多能够促进和激励新能源汽车技术研发和创新，支撑新能源汽车产业发展的扶持政策。例如，北京市政府将以客车为主的北汽福田汽车股份有限公司为中心，发展新能源制造基地，并成立了北京市新能源汽车产业联盟。政府给国产自主品牌的汽车生产公司，如长安汽车，颁发了新能源汽车的牌照，并且将长安杰勋混合动力轿车指定为国务院商务用车。

电动汽车主要的三类包括：纯电动汽车、混合动力汽车以及燃料电池汽车。其中，纯电动汽车是一种完全由电池提供动力，目前这种电池的种类有镍镉电池、铅酸电池、镍氢电池以及锂离子电池等。而混合动力汽车则由燃料电池提供动力，这种车型主要是为了解决纯电动汽车的高成本与当前能源供应实际环境匹配问题而设计的一种过渡车型。通常包含内燃机和电动机两种动力源，可以切换使用。但当前其使用的燃料电池的许多关键技术仍然需要进一步实现突破。此外，伴随着生产成本的急剧下降，同时性能的快速提升，以锂电池为动力的汽车也成为众多汽车厂商研发的重点方向，但由于其存在安全性和使用寿命方面的问题，目前仍然亟待技术的创新和突破。

3. 风力发电技术

从全球低碳技术发展来看，风能发电技术相对更为成熟，并且积累了大量产业化和市场化的经验和技术，因此，也成为许多国家发展的重点。据统计，自 2001 年以来，全球风能发电总电量急剧上升，装机总容量年增长速度约为 20%—30%。同样，我国风能发电也具有一定优势，并且市场发展势头迅猛，装机容量也处于快速增长态势，已经连续三年保持了百万千瓦级别上的容量翻番。据估计到 2050 年，我国风能发电量将会占据我国第二大主力供电源，超过水电。

从发展过程来看，我国风能发电的方式主要是通过建设大规模风电场来带动风能发电产业的发展，从而带动对风电技术研发创新的投入，实现技术的进步和突破，并相应提高了我国在风能发电设备生产方面的制造实力，通过自主创新和生产降低设备成本，提高了市场竞争力。我国风电场的建设，以及风电技术的产业化发展速度很快，其中，兆瓦级风机机组生产已经基本实现了国产化。未来应将风能发电的重点放在这几个方面：推动百万千瓦风能发电基地的建设；支持风能发电设备的自主生产；开展近海的风能发电试验。同时，针对我国兆瓦级风电机组的总体设计，以及一些关键设备的生产依然需要进口，先进的地面试验测试平台，以及测试型风电场亟待形成等现状①，政府和企业应该进一步加大对风电技术的研发投入及支持。

4. 其他低碳技术

核电技术。我国在核电技术方面存在一定优势。但核电技术也有其劣势，就是核废料处理依然麻烦，当前通常用的深埋法并非绝对安全。另外，技术壁垒、安全问题，以及投资巨大是制约核电快速发展的主要瓶颈，因此，目前主要为几个发达国家掌握和应用。当前，核电项目的技术创新点主要是：一是研发核废料处理新技术，以求绝对安全；二是创新核燃料提炼工艺，以降低成本；三是创新发展模式，以突破技术研发投资制约瓶颈。

大气二氧化碳捕获技术。虽然世界各国都在积极实施低碳减排，但二氧化碳的排放量仍然高于减排量，在未来的很长一段时间内，大气中的二氧化碳量依然会越积越多，即所谓的二氧化碳排放的累积效应。直接捕获空气中二氧化碳并进行封存是最直接的方式。目前这一技术已取得成果，但在效率方面仍然不尽如人意。

---

① http://www.zjdpc.gov.cn/art/2013/2/6/art_324_498931.html.

清洁煤技术。由于未来我国的能源结构在很大程度上依然要依赖煤炭等化石燃料，因此，在实现能源技术发展，低碳经济战略突破的过程中，需要对清洁煤技术保持关注，尤其是清洁煤发电技术。

（二）低碳技术创新突破

虽然，近年来我国在低碳技术研发领域实现了快速发展，但在专利数量上，尤其是核心专利技术上我国与国际水平存在着较大差距。而从具体的无碳、减碳和去碳技术研发上来看，也同样存在着亟待突破的差距和障碍。

第一，适当进行技术引进加速低碳技术创新突破。跟国外发达国家相比存在较大差距的低碳技术，技术起点过低大量投入得不偿失，因此可适当地依赖技术引进。尽管《联合国气候变化框架公约》规定了发达国家有向发展中国家提供技术转让的义务，但在实施中技术引进仍然面临两个问题：一方面是发达国家对先进低碳技术进行封锁；另一方面是技术转让方要求过高的技术使用费。有关资料表明，中国工业领域关键的 62 项减排技术，其中 43 项核心技术需要发达国家转让。发达国家理应降低技术转移的费用，为技术转让提供更好的平台，推动低碳技术的转让和推广，而不是简单地利用市场的方式转让低碳技术。对我国政府而言，应该打破技术转让的障碍，建立促进企业引进先进低碳技术的机制，使低碳技术转让更加畅通，从政府层面为低碳技术引进铺路架桥①。

第二，合作开发或自主研发促进低碳技术创新突破。对于相对具有优势的核心低碳技术，企业或者研发单位可以与国外发达国家进行合作开发，不但能够降低研发成本、节约资源，还可以相互学习，实现资源共享。美国政府 1986 年开始实施洁净煤技术示范计划，2002 年开始实施洁净煤发电计划（CCPI），并在这一领域取得较大成就。我国应该在该领域加强技术研发的合作与交流。对于遭到国外封锁的技术，我们国家和企业必须大力投入人、财、物自主研发，攻破重点、难点的核心技术，并力求拥有自主的知识产权以保障低碳技术创新有序发展。

第三，最大限度地发挥产业调整与技术创新之间的协同效应。一方面，要积极推动环保产业、新能源产业等符合低碳发展目标的新兴产业的发展，并以此为基础积极推动传统产业的升级改造。从发达国家的实践经验中我们已经确定，低碳技术可以使得传统产业创造出更大的附加值。另一方面，需要建立起国家创

① http://baike.ifeng.com/doc/25227，2013-04-11.

新体系，才能更好地支持产业结构的调整与低碳技术的自主创新和产业化。因此，发展低碳技术和低碳经济，需要政府联合企业、大学和研究院所，以及中介机构，为实现社会经济的可持续化发展目标而相互合作，以自主创新作为产业、社会变革与发展的关键驱动力，发挥产业调整与技术创新之间的协同效应，最终推动我国产业和技术，社会与经济在未来全球化中的发展。

第八章　低碳技术创新路线图

根据中国经济发展所处阶段，在低碳技术创新发展过程中，需要对低碳技术、污染控制技术和能源安全技术进行战略性部署。应该根据低碳技术创新市场需求和供给匹配情况，选择一系列关键技术的组合，制定低碳技术创新路线图，来降低低碳技术发展战略可能遭遇的风险，从而确保能源安全和节能减排目标的实现。

一、低碳技术创新市场需求

在对《中华人民共和国国民经济和社会发展第十二个五年规划纲要》研究的基础上，基于对我国低碳经济发展和区域竞争力的促进作用，对低碳产业经济增长的重要度，对城市可持续发展需求的重要度三个方面的需求，结合低碳技术的发展趋势和我国低碳技术研究的资源优势，可以确定出包括工业技术、交通、建筑、电力、替代能源、第三产业和农林业七个低碳技术领域。然后在确定各关键领域的基础上以低碳技术领域的重要科学问题、重大技术平台和重要产品为主线，再遴选各自的备选项目，共设立 58 个技术需求方向，如表 8—1 所示。

表 8—1　低碳关键技术需求清单

领域	编号	备选技术
工业技术	A1	先进高效锅炉、窑炉，高效工艺设备，高效电机
	A2	新型水泥、钢铁制造技术
	A3	新型动力电池（组）
	A4	大规模高效储能技术

续表

领域	编号	备选技术
工业技术	A5	重点生产工艺节能技术
	A6	工业余热、余压、余能利用
	A7	煤气液化燃料（GTL）
	A8	清洁煤技术
	A9	清洁生产管理技术
	A10	构建低碳产业集群
	A11	碳捕获与封存技术
交通	B1	超高效柴油汽车
	B2	先进电动汽车
	B3	燃料电池汽车
	B4	低碳交通 / 绿色物流
	B5	生物燃料车辆
	B6	氢燃料车辆
建筑	C1	超高效空调
	C2	LED 照明
	C3	用户可再生能源（太阳光伏 / 风能 / 热水器 / 采暖）
	C4	高绝缘建筑
	C5	家电智能控制技术
	C6	建筑物保温技术
	C7	地热供暖技术
	C8	区域供热、供冷系统
	C9	高效电器
电力	D1	燃煤联合循环发电技术（IGCC）/ 多联合
	D2	燃煤联合循环发电技术（IGCC）/ 燃料电池
	D3	陆地风电
	D4	太阳光伏发电
	D5	太阳能发电
	D6	先进核电技术
	D7	先进复循环发电技术（IGCC）
	D8	地热发电技术（热泵技术）

续表

领域	编号	备选技术
电力	D9	气化发电技术
	D10	生物质能燃煤循环发电技术（IGCC）
	D11	智能电网
	D12	沼气热电联供
	D13	超超临界技术
替代能源	E1	纤维素乙醇
	E2	谷物淀粉和糖类制取乙醇
	E3	氢能源
	E4	生物柴油
第三产业	F1	住宅和小区节能管理
	F2	低碳消费模式 / 低碳社区
	F3	工业能源中心
	F4	碳足迹与碳抵消商品服务
	F5	企业碳管理咨询服务
农林业	G1	有机生态农业
	G2	农业滴灌技术
	G3	沼气技术
	G4	植树造林
	G5	延长轮伐时间
	G6	森林管理
	G7	退耕还林还草
	G8	退化土壤恢复
	G9	施肥管理
	G10	秸秆还田

二、低碳技术创新自主供给

（一）减碳技术

1. 整体煤气化联合循环发电系统（IGCC）

我国在前几年对在 Texaco 和 Shell 气化技术引进再消化吸收后，掌握了大量的设计和运行的经验，同时也为我国自主研发以煤气化为源头的多联产系统技术打下了相应的基础。2005 年，我国五大电力公司联合，对 IGCC 系统开始进行大规模的开发应用，标志着我国在 IGCC 方面的研发已进入规模性阶段。由我国首次自主设计、制造的 250 兆瓦的 IGCC 电站已经于 2012 年 11 月正式投入生产。在 2013 年我国也已经研发出了以 IGCC 与 CCS 为基础的新型煤炭发电技术。我国现在已经掌握了有自主知识产权的关键技术，整体设计理念与国外同步。

2. 燃料电池

虽然我国对燃料电池的研发起步较晚，但经过近些年的发展也取得了一定的成绩。目前，我国研究的质子交换膜燃料电池已经可以实现装车，整体技术水平已经达到或接近了世界水平。但是在磷酸型燃料电池（PAFC）、固体氧化物燃料电池（SOFO）、熔融碳酸盐燃料电池（MCFC）等燃料电池方面的研究仍然还处于研发阶段。我国燃料电池总体的技术水平与欧美一些发达国家仍然存在很大差距。

3. 超超临界发电技术

新一代高效一次再热技术、二次再次再热技术和更大的单机容量是未来超超临界发电技术发展的短期和长期方向。我国在新一代高效一次再热技术方面的研发尚未成熟，多数仍然需要依靠进口。但我国华能自主研发的“带二次再热的 700℃以上参数超超临界锅炉”技术已经通过了国家知识产权发明专利审核，填补了国内在该领域的空白。采用该技术的 100 万千瓦机组，供电煤耗约 272 克 / 千瓦时，比目前国内最先进技术降低约 12 克 / 千瓦时。与 2011 年全国火电机组平均供电煤耗相比，每台机组每年可节约标准煤 58.2 万吨，直接减排二氧化碳约 96 万吨。我国自主设计的二次再热技术也将在 2015 年建成并投入生产，相关的核心材料如高端耐热钢大口径厚壁无缝钢管的研发也取得了成功。

（二）无碳技术

1. 太阳能技术

中国太阳能资源非常丰富。年日照时数大于2000小时，全国总面积的2/3以上有较好的利用条件，特别是青藏高原，日照时数超过3000小时。太阳能总辐射量在120—280瓦/平方米之间，年太阳辐射总量大于5000兆焦耳/平方米。在光热电转换利用太阳能方面，我国从科研角度进行了一些基础研究，对光热发电关键技术和抛物聚焦型太阳能热发电装置进行了试验。

我国在太阳能热发电真空管的技术已经趋于成熟，已经拥有国际领先水平，在玻璃热弯与镀银技术方面也掌握了核心技术，槽式热发电也有了产业基础。很多国内外项目（其中由德州华园新能源应用技术研究所掌握核心技术参与的，包括国内外数个热发电站依照规格合计可达900兆瓦）也成功实施，必将为我国其他地区实施太阳能热发电站提供成功经验。

通过大力发展，中国现在已成为世界上光伏产品最大制造国。《新能源振兴规划》预计到2015年全国太阳能发电系统总装机容量能达到300兆瓦，规划2020年中国光伏发电的装机容量达到20吉瓦。

2. 风能技术自主供给

中国风能开发利用有着极大的潜力。根据中国气象局风能太阳能资源评估中心最近对风能资源研究的结果表明：中国风能资源可开发量约7亿—12亿千瓦，其中陆地风能资源可开发量约为6亿—10亿千瓦，海上风能资源可开发量约1亿—2亿千瓦。

目前，风力发电是中国发展最快的新能源行业，已掌握了兆瓦级以下定桨距风电机组的设计技术和制造技术，完成了规模化生产。具有1.5兆瓦以下风机的整机生产能力，但是一些核心零部件，如轴承、变流器、控制系统、齿轮箱等的生产技术难关却迟迟未能攻克。国内风电设备制造整体能力不高，虽有10余种1.0—2.0兆瓦型号的风电机组投入运行，但兆瓦级以上风电设备制造技术还需要进一步验证，近期还不具备国内批量生产的能力。

我国风电制造产业发展迅速，尤其是风电机组生产和零部件生产已形成自主供给能力。2006年，重庆齿轮箱有限责任公司研发成功2兆瓦风电增速齿轮箱，填补了我国风电齿轮技术的空白。2006年，上海玻璃钢研究院研制成功我国第一套1.5兆瓦风力机叶片模具。2007年，我国成功研制兆瓦级变速恒频风力发电机组控制系统及变流器，并试用2兆瓦变速恒频风力发电机组。

随着风电装备技术的成功研制，国内企业兆瓦级风电机组产量的增加，我国迈进多兆瓦级风电机组自主供给的门槛。从 2007 年装机容量占新增市场的 51%，增长到 2009 年的 86.86%。2009 年，我国相继有较多企业突破多兆瓦级（>2 兆瓦）风电机组研制技术，如金风科技股份有限公司研制出 2.5 兆瓦和 3 兆瓦的风电机组，并投入试用；华锐风电科技股份有限公司研制的 3 兆瓦海上风电机组已并网发电；华锐、金风、东汽、海装、湘电等企业已开始研制单机功率为 5 兆瓦的风电机组。

3. 生物质能

中国对生物质气化发电技术的研究及应用较早，在 20 世纪 60 年代就开发了 60 千瓦的谷壳气化发电。目前主要使用的是 160 千瓦与 200 千瓦谷壳发电两种。近年进行 1 兆瓦的生物质气化发电系统研究，旨在开发适合中国国情的中型生物质气化发电技术。1 兆瓦的生物质气化发电系统已于去年完成并投入使用。

2006 年我国乙醇总产量约 350 万吨，其中燃料乙醇产量达到 130 万吨，位居世界第三，以废弃油脂为原料生产的生物柴油达到 6 万吨，农村沼气产量突破 1.7 亿立方米。截至 2006 年底，国内生物质发电装机容量为 220 万千瓦，占全国发电装机容量的 0.35%，约占全世界生物质发电总装机容量的 4%。其中，蔗渣热电联产 170 万千瓦；农林废弃物、农业沼气、垃圾直燃和填埋气发电 50 万千瓦。

山东单县生物质发电工程 1 × 2.5 千瓦机组于 2006 年底正式投产，开创了国内生物质直燃发电的先河。该项目涉及年发电能力 1.6 亿千瓦时，2007 年发电量达到了 2.29 亿千瓦时，按 2.5 万千瓦装机容量计算，全年利用高达 9160 小时，达到了世界先进水平。江苏、广东、河南、浙江、甘肃等多个省市的生物质发电项目也都有不同程度的发展。

目前中国已具备建设兆瓦级生物质气化发电项目的能力。2006 年，国家发改委和地方发改委共核准 39 个生物质能直燃发电项目（目前，全国已有 10 多个生物质能直燃发电项目在建），合计装机容量 128.4 万千瓦，投资预计 100.3 亿元，2006 年当年完成 5.4 万千瓦。此外，2006 年完成生物质气化及垃圾填埋气发电 3 万千瓦，在建的还有 9 万千瓦。“十一五”期间，国家“863 计划”支持建设了 6 兆瓦规模的生物质气化发电示范工程。截至 2007 年底，国家发改委和各省发改委已核准项目 87 个，总装机规模 220 万千瓦。全国已建成投产的生物质直燃发电项目超过 15 个，在建项目 30 多个。但技术仍存在一些问题，最突出的是对水的二次污染和对各种类型生物质适用性不强，而且系统发电效率较低，热效率仅为 15% 左右。我国生物质能发电的净化处理、燃烧设备制造等方面与国际先进水平还有一定差距。所以目前必须加强三方面的工作，一是研究完善焦油裂解技术，彻底减少对水的二次污染；二是改进技术过程，提高整体热效率；三是在有条件的地方建设示范项目。针对不同废料特点进行商业示范，充分证明该技术的可靠性和经济性，为全面推广生物质气化技术创造条件。

中国应用最广泛的生物质能开发利用技术还是沼气工程技术。2006 年底全国已建成农村户用沼气池 1870 万口，2000 处以上不同类型畜禽养殖场和工业废水的沼气工程，年产沼气约 90 亿立方米，为近 8000 万农村人口提供了优质的生活燃料。2008 年，中国户用沼气池达到 3000 多万口，大中型沼气设施达到 1600 多座，沼气年利用量达到约 140 亿立方米。2010 年，沼气发电容量为 80 万千瓦，2020 年达到 150 万千瓦；2010 年垃圾焚烧发电装机将达到 50 万千瓦，2020 年焚烧发电的垃圾处理量达到总量的 30%，垃圾焚烧发电总装机将达到 200 万千瓦以上。

（三）去碳技术

目前，中国拥有自主知识产权的发电技术已越来越多，CCS 作为未来能源发展和气候保护的重要战略储备技术，首先我们应该充分掌握拥有独立知识产权的技术生产力和创新力，再结合国内的国情，将我们的优势发挥到最大，例如制造成本低、人力资源雄厚、设备配置完全等。只有这样我们才能将 CCS 技术推广并发展，在不久的将来很可能 CCS 技术成为新的制造中心，创造一个技术出口机遇。从另一个方面来看，CCS 技术不是一个独立运行的流程而是一个需要其他技术设备配合的全流程系统工程，据不完全统计 CCS 的运行将涉及化工、环境、地质等诸多领域，同时 CCS 的研究、发展与应用，将会使化工、发电、地质等其他领域技术获得突飞猛进的发展，从而带动一大批相关领域的科技创新与发展。

1. 国内碳捕获与封存项目状况

在去碳技术这一领域，中国是一位实实在在的“晚到者”，其他欧美国家相应技术都发展得比较成熟的时候，我们才懵懵懂懂地加入去碳技术创新行列。考虑到我国的能源利用趋势，国内积极推动该项技术的发展与应用。在不到 20 年的时间里面，我国也相继建设了与去碳技术相关的大量工程，使我国去碳技术得到飞速发展。

（1）内蒙古自治区鄂尔多斯开工建设的 CCS 全流程项目，是神华集团在国内首个完整的 CCS 技术项目。虽然，这项工程的碳捕集成果在国内称得上是第一，同时也取得一定的成绩，但由于只限于单纯的 CCS 中的碳捕集。因此，不能称之为完整的 CCS 技术。

（2）华能石洞口第二电厂二氧化碳捕捉项目，该项目总投资达到1.5亿元，被称为全球最大的燃煤发电厂二氧化碳捕捉项目，但该项目在运行之后是将补集到的二氧化碳卖掉而不涉及利用及封存的阶段。

（3）为了将二氧化碳驱油技术投入生产，2009年年底中石油集团在吉林油田开展二氧化碳驱油的实验。该项试验是通过注入二氧化碳把藏匿于地底下岩石孔隙中的石油挤压出来以增加石油产量。这项试验将封存二氧化碳技术的应用推向一个新的台阶，具有不同凡响的意义。但由于不涉及碳捕获、运输过程，所以该项目仍然不是严格意义上的“CCS全流程”技术。

（4）神华集团CCS项目采取的是全流程捕获、运输与封存技术。将生产线中产生的二氧化碳进行捕集，压缩处理后用低温液体槽车运送到封存区域，然后将二氧化碳注入地下咸水层中封存。达到真正意义上的二氧化碳捕获、运输与封存的全流程。与前面所有的项目探索运营相比，鄂尔多斯的神华集团项目到目前为止，不仅是中国第一个，也是世界第一个把二氧化碳封存在咸水层的全流程CCS项目，因为整个CCS项目中包括了完整的二氧化碳捕获与封存的步骤，项目投入使用后也将是同类工程中亚洲地区规模最大的，在今后的发展中可以给其他类似项目提供更多的数据和技术支持。

三、低碳技术创新路径选择

（一）低碳关键技术选择

低碳技术创新的关键技术领域可以划分为能源供应、交通节能、建筑节能以及工业节能。根据中国当前经济发展所处阶段，在低碳技术创新发展过程中，需要对低碳技术、污染控制技术和能源安全技术进行战略性部署，保证三者的紧密联系。从整体战略部署角度来说，由于资源禀赋的限制，中国必须在煤炭清洁高效利用方面继续保持技术创新和应用，而在加强清洁能源发电和能效技术研发之外，还需要对可再生能源并网以及可高效利用的电网安全稳定技术给予高度重视和保障。在努力加大对现有低碳技术的研发和应用进行投入和拉动的同时，还应该保持对国际前沿新型能源技术的关注，并将其纳入战略目标。同时考虑到科学技术创新和发展的不确定性，例如先进低碳技术（如CCS、新一代生物燃料、可再生能源的规模化应用、纯电池电动汽车等）的研发和应用存在延迟或失败的风险，因此，应该通过选择一系列关键技术的组合来降低低碳技术发展战略可能遭遇的风险，从而确保能源安全和节能减排目标的可实现性。参考现有研究，下表给出了中国低碳技术发展的关键技术和大规模应用的路线图。

表 8—2　中国低碳技术路线图

时间	第一阶段	第二阶段	第三阶段	第四阶段
	2010—2020 年	2021—2035 年	2036—2050 年	2050 年以后
能源供应	水力发电	风力发电	氢能规模利用	
	第一代生物质利用技术	薄膜光伏电池	高效储能技术	核聚变
	超临界发电	太阳能热发电	超导电力技术	海洋能发电
	IGCC	电厂 CCS	新概念光伏电池	天然气水合物
	单多非晶硅光伏电池	分布式电网耦合技术	深层地热工程化	
	第二代和第三代核电	第四代核电		
交通	燃油汽车节能技术	高能量密度动力电池	燃料电池汽车	
	混合动力汽车	电动汽车	第二代生物燃料	第三代生物燃料
	新型轨道交通	生物质液体燃料		
建筑	热泵技术			
	围护结构保温			
	太阳能热利用	新概念低碳建筑	新概念低碳建筑	新概念低碳建筑
	区域热电联供			
	LED 照明技术			
	采暖空调、采光通风系统节能			
工业	工业热电联产	工业 CCS	工业 CCS	工业 CCS
	重点生产工艺节能技术	先进材料	先进材料	先进材料
	工业余热、余压、余能利用			

资料来源：中科院能源领域战略研究组，2009；中国发展低碳经济途径研究课题组，2009；国家技术前瞻课题组，2008。

（二）低碳技术创新路径

低碳技术虽然一直以来被认为是中国在经济发展过程中实现后发优势的机遇，

但必须认识到低碳技术创新面临着自主创新和突破核心技术的压力。因此，在考虑国内低碳技术创新的优势和劣势的基础上，结合市场需求的变化，选择能够实现扬长避短效果的技术创新路径。对于中国缺乏完整研发支撑体系，以及即使通过自主研发但在时机上已经无法满足市场需求技术，可以采用引进、消化和创新为主的路径。对于在国际上都存在巨大潜在市场的低碳技术，或者是科研投资需求过大的战略储备技术以及中国已经具备一定研究基础的技术，可以将联合开发作为主要创新路径。对于尚处于科学探索阶段，而中国有望掌握核心部分，或者国外处于技术封锁阶段的战略性技术，则需要加强投入，以自主研发为主要路径。

（三）低碳技术发展阶段及其面临的障碍

低碳技术的发展可以划分为不同阶段，在每一个阶段都可能面临各类障碍，如技术障碍、成本障碍及其他障碍，同时，不同发展阶段面临的障碍也会有所差异。下表中通过对关键的低碳技术在全球所处的发展水平和发展情况，识别出目前面临的主要障碍。中国低碳技术研发基础与国际先进水平的差距在 7—10 年或者更长，技术发展面临更加复杂和严峻的障碍。由于科研机构、相关产业和最终用户所能够接触到的信息和自身相关利益点的不同，导致社会各方对低碳技术发展现状和发展形势的判断产生差异。然而，准确判断低碳技术发展现状是发现低碳技术发展障碍并制定相关障碍突破策略的重要基础，从当期研究成果来看，尚缺乏关于此类问题全面而深入的研究，因此可以成为未来研究工作中一个值得关注的重点。

表 8—3　关键低碳技术发展障碍

领域	技术	技术障碍		成本障碍		其他障碍
		研发	示范	规模增大	经济刺激	
能源供应	水电				√√	√√
	生物质发电	√	√	√	√√	
	地热发电	√	√	√	√√	
	风力		√	√√	√√	√
	太阳能光伏	√	√√	√√	√√	
	聚光太阳能	√	√√	√√	√√	
	海洋能	√√	√√	√√	√√	
	氢能	√√	√√	√√	√√	

续表

领域	技术	技术障碍		成本障碍		其他障碍
		研发	示范	规模增大	经济刺激	
能源供应	先进煤蒸汽循环	√	√	√	√√	
	整体煤气化联合循环		√√	√√	√√	
	CCS+IGCC（煤）	√√	√√	√√	√√	
	核能（四代）	√√	√√	√	√√	
	大规模高效储能技术	√√	√√	√√	√√	
交通	车辆燃料经济性改善				√	√√
	混合动力汽车	√		√√	√	
	电动汽车	√√	√	√√	√√	
	乙醇燃料车辆				√√	
	氢燃料车辆	√√	√√	√√	√√	
	生物质液化制取生物柴油				√√	
	谷类、淀粉和糖类制取乙醇				√√	
	纤维素制取乙醇	√√	√√	√	√√	
建筑	区域供热供冷系统				√	√√
	建筑物能源管理系统	√	√	√	√	√√
	LED 照明	√	√	√√	√√	√√
	地源热泵			√	√	√√
	家用电器			√	√	
	建筑物保温技术	√	√	√	√	√√
	太阳能供热和制冷		√	√	√√	√√
工业	热电联产技术				√	√
	电机系统					√√
	蒸汽系统				√	√√
	基础材料生产工艺创新	√√	√√	√	√	
	燃料替代				√√	
	原材料替代	√√	√√	√	√	
	工业二氧化碳捕集与封存	√√	√√	√	√√	
	工业能源中心			√	√	√√

注：1. 根据 IEA（2008）中科院能源战略研究组（2009）的研究结果进行整理。

2. √√表示在目前很重要的障碍，√表示在目前不太重要但是仍有影响的障碍。

（四）低碳技术政策创新方向

根据传统的创新理论，按照创新的强度，可以将创新分为渐进性创新与突破性创新。渐进性创新（Incremental Innovation）指对现有技术的非质变性的改革与改进，是基于现存市场上主流顾客的需要而进行的线性、连续的过程。突破性创新（Radical Innovation）是相对于渐进性创新来说的。Tushman 和 Anderson 将突破性创新定义为：含有显著的技术进步，旧的技术不论是在规模的增长、效率或设计上都无法与突破性创新带来的新技术竞争。Kaplan 认为，突破性创新使旧的技术过时，并引致出现或改变整个产业或市场。

在低碳技术创新方面，国外学者主流的观点是，以可再生能源技术为主体的低碳技术相对于传统化石能源技术而言，是一种突破性创新。如 Hoffert 等人就认为"新的能源技术是对能源生产技术的革命性变化"，而现有的技术（传统能源技术）"具有严重缺陷，无助于稳定全球气候"。其实，可以将低碳技术创新看作是包含渐进性创新的突破性创新，无论是风能、太阳能等可再生能源技术，还是节能、CCS 技术，都有一个学习效应随着产业扩大而逐渐发挥作用的过程，学习效应的发挥就意味着渐进性创新的形成。但是，必须看到，相对于传统的化石能源生产与使用而言，低碳技术具有根本性的不同，它对于能源的生产与应用以及相应的技术经济系统会带来一场深刻的革命。以并网的风力发电为例，要使得风能真正成为整个国家能源系统的重要组成部分，不仅需要在风机、叶片等的设计与制造方面不断改进，同时还需要对整个电网系统进行改造，如应用智能电网（Smart Grid）技术，甚至需要消费者改变消费行为（如自愿购买绿色电力），从电力需求侧提供支持。因此，这是一个既有渐进性创新，又有突破性创新的过程，而突破性创新是其本质特征，其创新过程体现了技术范式的变迁。

四、低碳技术创新国际合作

加快国际合作，促进低碳技术创新，是世界各国共同的使命。《联合国气候变化框架公约》和《京都议定书》的实施，对国际低碳技术创新实践提供了合作性框架。当前，低碳技术创新的国际合作呈现出同传统的技术合作不一样的机制。目前，世界低碳技术创新合作集中体现在三个平台。

（一）国际碳排放交易市场

全球低碳经济发展需要各国加快节能减排步伐，但是由于温室气体的排放需要技术和成本，为促进各国先进技术在全球节能减排中的使用，《京都议定书》规定了各国减排目标，并赋予温室气体排放权相应的价值，使温室气体排放权成为可以上市买、卖交易的商品。实际上，在《京都议定书》明确规定温室气体交易权属之前，就有区域性的温室气体交易市场。如2003年成立于美国芝加哥的芝加哥气候交易所，以及2004年前后日本成立的碳排放交易市场。

《京都议定书》实施后，签订协议的成员国，根据自己的减排配额相继建立了各自的碳排放权交易市场，并逐渐形成国际性的碳排放配额交易市场。但是，根据《京都议定书》中制定的三种减排机制，各国形成碳排放权交易市场有一定的区别，比如欧洲碳排放交易所、英国碳排放交易所都属于ITE市场，即以配额为基础的（或排放许可证）交易市场；而发展中国家参与的均是以项目为基础形成的市场，即清洁市场交易机制。但是，从本质上说碳排放交易市场就是低碳技术国际交流合作的市场平台。

1. 世界碳交易市场体系

欧盟排放贸易体系。该市场体系成立于2005年，目标是促进实现欧盟在《京都议定书》中承诺的相关内容，即到2012年，使欧洲碳排放相对于1990年的排放水平降低8%。从2005年至2012年间，欧洲碳排放交易市场年交易额上涨了十多倍，其中80%的交易量都来自于欧洲气候交易所。欧盟排放贸易体系实际上是世界最大的能源技术市场和国际金融市场联合交易体系。

澳大利亚新南威尔士州温室气体减排体系（CCAS）。该市场成立于2003年，是《京都协议书》体系之外的地方强制性交易市场。

美国芝加哥气候交易所。该市场是世界范围内有一定影响力的碳交易体系，其交易量同CCAS相当，也是游离于《京都协议书》外的市场体系。

2.CDM项目合作体系

在以项目为基础的碳交易市场中，发达国家和发展中国家的碳排放权交易依靠CDM项目为主要平台。在这个平台中，发达国家通过购买发展中国家的碳配额，提供相当的低碳技术和资金，协助发展中国家实现节能减排。目前，中国、墨西哥、印度、韩国等都是CDM项目的最大供应方。为此，我国在2004

年6月即颁布了《清洁发展机制项目运行管理暂行办法》，以支持CDM项目在中国的落地。

自清洁发展机制实施以来，我国在众多发展中国家中，CDM项目成交额也是最高的，同其他发展中国家相比，具有绝对性优势。2005年1月，我国第一个CDM项目——北京安定填埋场填埋气收集利用项目试车成功。同年6月，内蒙古辉腾锡勒风电项目在联合国CDM执行理事会（EB）注册成功，成为中国第一个获EB正式批准的CDM项目。截至2009年10月，我国已有663个CDM项目通过EB注册，占全球注册项目的58%，注册的项目数量和年减排量均居世界第一位。

（二）主要经济体能源与气候论坛

为加强低碳技术国际合作，应对全球气候形势，在美国主导下，全球主要经济体成立了MEF（Major Economies Forum on Energy and Climate），主要目的是开展全球气候变化领域协商和低碳技术合作。论坛以G8成员国，参加“G8+5”领导人对话的5个发展中国家为中国、巴西、印度、墨西哥和南非，观察员国包括丹麦、马尔代夫等。MEF提出的主要观点是：全球升温不应超过2摄氏度；要求建立技术合作应对气候变化的相关机制；强调适应气候变化的重要性等。

1. 技术行动计划的目标和关注技术

2009年，基于国际能源署的评估，MEF提出了技术行动计划，其目标包括：各国根据自己的优势提出相关技术的路线图；研究相关技术的减排潜力；识别关键技术研发障碍；提出政策清单。

根据行动计划，MEF确定了10项气候友好技术研发计划，主要包括：由加拿大牵头研发的先进汽车技术；巴西和意大利为主的生物质利用技术；美国为主的建筑部门能效技术和工业部门能效提高技术；澳大利亚和英国为主的碳捕捉、利用与封存技术；日本和印度牵头的低排燃煤技术；意大利和韩国牵头的智能电网技术；德国、西班牙和丹麦为主的太阳能技术和风能利用技术。

2. 技术研发和示范的差距评估

根据IEA的评估，2050年“Blue Map情景”将比“惯性趋势情景”减排480亿吨二氧化碳，全球排放应在2005年基础上减少一半以上。MEF根据这一标准，对10项技术进行了差距比较和评估，以确定全球技术研发的路径。差距评估包括三个部分，研发和示范投入力度、研发和示范优先领域、“Blue Map情景”需求之间的研发和示范投资差距。

评估发现，要实现2050减排目标，其依赖技术包括终端燃料利用效率提高技术（24%减排）、终端用能替代技术（11%）、终端用电效率提高技术（12%）、能源替代技术（7%）、可再生能源技术（21%）、核能发电技术（6%）、电力部门CCUS（10%）与工业和交通部门CCUS（9%），平均减排成本在38—117美元/吨。

IEA同时指出，各国私营部门在这些技术研发和示范上的投资不可忽略，甚至超过公共部门的投资，但私营部门的投资往往集中于技术研发与示范的后期阶段，前期和高风险阶段仍有赖于公共部门投资。

3. 主要经济体在技术行动计划下的行动

按照MEF的要求，10项技术的牵头国均已向MEF提交了技术行动计划专项报告。

加拿大研究表明，到2030年交通能源二氧化碳排放比目前排放水平增长50%，但通过先进汽车技术研发，2050年可以实现二氧化碳交通源排放低于2005年排放水平。

澳大利亚和英国研究确定，2050年前，CCS技术可以使化石燃烧的二氧化碳排放显著下降90%。

印度和日本研究确定，全球燃煤发电占全部发电量的比例在2030年将达到44%，高效、低排放燃煤（HELE）技术的应用，将使燃煤电厂每年减排二氧化碳14亿吨。

巴西和意大利研究确定，2050年全球生物质能有望提供约1.5×10^{21}焦耳的能源，相当于当前全球年能源消费量的2.7倍。

法国研究确定，海洋能总蕴能量相当于当前全球年能源消费量的1000倍以上，现有的海岸带地区可开发的能源总计达到每年9000千瓦时，相当于当前全球年能源消费量的6.4%。

美国研究确定，建筑部门能效提高技术使2050年全球建筑部门的碳排放比之前预计的低41%，即可减排115亿吨的二氧化碳，相当于当前全球化石燃料燃烧排放二氧化碳约40%。但现有的工业提高能效技术，足以使2030年全球工业部门的碳排放比之前预计的低一半，即可减排二氧化碳40亿吨；如果加上工艺过程改进的技术，2030年，工业部门温室气体排放有望降低60亿吨二氧化碳当量以上，平均成本约 22 欧元 / 吨。

意大利和韩国研究确定，智能电网技术有助于可再生能源电力的并网，提高电在交通部门能耗中的比重，促进终端电力消耗设备的能效提高，从而实现温室气体的减排。对美国的评估显示，智能电网技术的应用，2030 年将实现减排 2.11 亿吨的二氧化碳，相当于美国当前电力部门排放量的 9%。

德国和西班牙研究确定，太阳能光伏发电和集中发电技术在 2050 年有望实现年发电 7000 千瓦时，占到届时全球电力供应的 16.5%，相当于当前全球年能源消费量的 5%；太阳能发电加上太阳能热利用，2050 年将实现减排 45 亿吨的二氧化碳。

德国、西班牙和丹麦研究确定，风能利用技术在 2050 年有望实现年发电 5200 千瓦时，占到届时全球电力供应的约 12%，相当于当前全球年能源消费量的 3.7%;2050 年将实现减排 33 亿吨的二氧化碳。当前的主要问题也是成本太高。

第九章　低碳技术自主创新体系

低碳技术已经成为世界各国节能减排的重要手段，低碳技术创新能力对国家的产业结构调整、经济转型和经济可持续发展具有重要意义，也成为衡量国家之间未来竞争力强弱的重要因素。中国应结合自身经济发展状况，以及低碳技术发展基础和特点，构建完善的低碳技术自主创新体系，进行低碳技术自主创新机制设计，以抢占未来低碳技术制高点，改变我国的能源结构和经济发展方式，提高国际竞争力。

一、自主创新与低碳技术

1. 低碳技术自主创新内涵

自主创新是相对于技术引进和模仿而言的一种创造活动，是指通过拥有自主知识产权的核心技术，并在此技术上实现新产品或服务的价值的过程，它包括技术的原始创新、集成创新和引进技术再创新。创新性技术是指处于技术研发期，但已在市场上进行初步应用示范的技术，就低碳技术而言，新型薄膜太阳能电池、氢燃料电池汽车、海上风力发电等技术都属于低碳创新技术。

低碳技术自主创新是对传统低碳技术领域的突破，主要包括提高化石能源利用效率，降低能耗的节能技术创新；开发利用太阳能、风能、生物能等，降低二氧化碳排放的新能源技术创新以及二氧化碳捕捉与埋存技术等。

低碳技术自主创新体系实质上是政府、科研单位以及企业等不同行为者为促进低碳技术创新的制度与技术推广使用所形成的网络结构，并将低碳技术与市场机会进行结合的过程。低碳技术自主创新应充分考虑市场需求，选择合适的技术创新路径，对于创新资源难以满足研发要求的低碳技术，可以采取引进消化吸收的方式；对于合作市场潜力大，科研投入大且具备一定研发基础的低碳技术，可以采取联合开发的方式；对于战略性的、国外实施技术封锁的低碳技术，则应以自主创新为主要途径。

2. 低碳技术自主创新意义

当今世界各国，尤其是西方发达国家高度重视低碳技术发展。美国通过《清洁能源安全法案》，投入巨资加快低碳技术的研发与利用，以占领低碳技术制高点。日本也通过加大财政投入和政策引导，保持在低碳技术领域的优势地位。依靠低碳技术创新，发展低碳经济的发展模式已经得到世界各国认同。低碳技术创新不仅能对传统能源行业进行技术改造和产业升级，应对日益严重的气候变化问题，还能不断催生新兴产业，促进低碳经济发展。可以说，在当今信息化、经济全球化的时代，低碳技术创新能力的高低已成为低碳经济发展、促进经济转型的重要力量，也是一个国家立足未来，衡量国家经济竞争力强弱的重要因素。

作为一个发展中大国，我国工业化、城镇化快速发展，但也长期存在着经济结构不合理和增长方式粗放等难题，产业结构亟须调整，能源消耗压力、环境污染压力日益增大。中国低碳技术自主创新能力落后，还不能很好适应中国未来经济可持续发展和综合竞争力提高的需要。为了摆脱困境，应该立足我国的经济发展现状，在国家层面建立推进能源结构调整、促进经济增长方式转变的低碳技术自主创新战略，高度重视低碳技术自主创新能力体系建设，大力发展低碳技术，逐步取代传统高耗能行业，调整能源结构，引领低碳消费生活方式，促进低碳经济发展。

2010 年，温总理在政府工作报告中明确提出，低碳经济的发展依赖于能源效率的提高和能源结构的优化，关键还在于低碳技术创新。因此，要大力发展低碳技术，进行节能减排。进行低碳技术创新已经成为我国产业转型和经济发展的必然要求，是破解中国粗放型经济发展方式，实现中国可持续发展的需要，也是中国低碳经济与低碳产业发展路径的战略选择，提高中国国际竞争力的需要。

二、低碳技术自主创新体系现状

1. 低碳技术自主创新体系具备的基础

改革开放 30 多年来，我国高度重视低碳技术发展，低碳技术创新能力不断增强，低碳技术自主创新体系也具备了一定基础。主要表现在：

（1）主要高耗能行业低碳技术创新取得突破

近几年来，中国各级政府非常重视低碳技术创新，不仅出台政策进行鼓励支持，还实施了十大重点节能工程，低碳技术创新取得了新的突破，应用效果非常明显，促进了低碳行业能源使用效率的提升和产业结构的升级。

在电力行业方面，电力行业在我国能源消耗中占有最大比重，目前国内水电、风电和核电等非化石能源都已经处于研发示范或者规模化发展阶段。我国已经初步掌握了高参数超超临界机组技术、热电多联产技术等多种技术，其中超临界机组、超超临界机组的发展十分迅速，在网运行机组超过 150 台，并且基本完成国产化，具备批量化制造能力。

在钢铁行业方面，我国钢铁行业能源消耗仅次于电力行业。目前，钢铁企业正积极通过低碳技术创新促进节能减排，提高能源使用效率，在冶炼工艺上正采用先进的干式 TRT 技术和转炉煤气高效回收利用技术等，节能减排效果较好。

在石化行业方面，目前已有多项低碳技术取得了实质性突破，包括干法乙炔技术、大型密闭式电石炉、中空电极和炉气综合利用技术等。炼油低碳技术中的裂解炉空气预热节能技术已大规模应用于中石油、中石化等公司，行业内普及率高达 80%。化工低碳技术主要包括新型变换气制碱技术、合成氨节能改造综合技术及扭曲片管强化传热技术等，其中新型变换气制碱技术已在国内 10 余家企业进行推广，节能效果非常明显。

在有色行业方面，目前，主要技术包括大型铝电解系列不停电技术、冶炼烟气余热回收—余热发电技术和氧气底吹熔炼技术等。经中国有色金属工业协会技术鉴定，其中大型铝电解系列不停电（全电流）技术为世界领先水平，氧气底吹熔炼技术已达到国际先进水平，这两项技术已被国内约 10 余家企业采用。同时，我国有色金属大公司的能耗已经达到或接近国际先进水平。

在建材行业方面，水泥和玻璃产业是主要的高耗能产品，水泥行业的低碳技术主要包括新型干法水泥工艺、水泥窨纯低温余热发电技术、辊压机粉磨系统和立式磨装备及技术等。其中，新型干法水泥生产能力比重从 2001 年的 12% 提高到了 2010 年的 70%；玻璃行业的低碳技术主要包括全氧燃烧技术、熔窑全保温技术、低温余热发电技术等，目前正在积极开展技术研发和应用示范。

（2）高新技术领域低碳技术研发具备一定实力

我国在新能源领域等高新技术领域的低碳技术研发目前已具备了一定实力，取得了较大进展。如中国科技大学的光热和光伏建筑系统集成、华中科技大学的煤燃烧等低碳技术处于国内领先水平。阳光凯迪生物质燃油燃气厂在武汉正式投产，成为全球第一条投产的万吨级生物质燃油生产线。世界上首座500瓦燃料敏化太阳能电池示范系统在我国建立，成功研发了15兆瓦直驱永磁式风电机组，并实现产业化。另外，在二氧化碳的捕获与封存（CCS）技术领域方面，已经研究制定了碳捕获、利用与封存（CCUS）技术发展路线图，筹建了CCUS产业技术创新联盟。中国神华、华能集团等企业已开展了二氧化碳的捕获与封存（CCS）全流程示范项目建设，探索将二氧化碳捕集、封存与强化采油技术（EOR）相结合，已建成了世界上规模最大的燃煤电厂二氧化碳捕获工程。

（3）低碳技术的自主创新体系已初步形成

经过多年发展，我国已经初步形成了以科研机构、龙头企业、示范园区等为主体的“产学研”相结合的低碳技术自主创新体系。其中，代表性的有中国科学院上海高等研究院、中国科学院广州能源研究所等中科院所属科研单位；依托高校建立的清华大学低碳能源实验室、华中科技大学煤燃烧国家重点实验室、四川大学低碳技术与经济研究中心、中国矿业大学低碳能源研究院、南京大学环境与低碳技术研究中心等低碳技术创新重点实验室；以成都高新国际低碳环保产业孵化器、上海低碳科技孵化器等为代表的低碳科技孵化器；依托龙头企业设立的北京低碳清洁能源研究所、武汉凯迪工程技术研究总院有限公司等；以武汉新能源研究院、重庆低碳研究中心、天壕低碳技术研究院等为代表的产业技术研究院；以中新天津生态城、中法（武汉）生态示范城为代表的国际合作典型；还有以深圳低碳技术创新联盟和CCUS产业技术创新联盟为代表的技术创新联盟，在传播低碳理念，解决低碳关键技术，开展示范工程方面发挥了重要作用。

2. 低碳技术自主创新体系存在的问题

虽然我国低碳技术研发和应用取得了一定成绩，自主创新体系具备一定基础，但是仍然面临着低碳核心技术缺失、自主创新能力不足、市场机制不完善、政策环境不佳等问题，制约了我国低碳技术自主创新能力的进一步提升。

（1）低碳核心技术缺失

与发达国家低碳技术创新能力相比，国内低碳技术创新能力还存在很大差距。主要表现在现有低碳技术自主创新能力不足，低碳经济发展主要还是依赖煤炭等资源的高投入，经济运行成本高，环境污染严重，严重制约了我国低碳经济的发展。联合国开发计划署公布的《2010年中国人类发展报告——迈向低碳经济和社会可持续未来》中指出，中国未来要实现低碳经济的发展目标，需要至少60多种低碳核心技术支持，而其中大约有42种核心技术中国目前还没有掌握，即70%的低碳核心技术仍依赖于“进口”。因此，中国在低碳技术自主创新上还有很长的路要走。

（2）研发主体不均衡

在低碳科技创新体系中，科研机构、大学和企业各自充当着重要的角色，就目前而言，科研机构和大学普遍侧重于低碳基础研究和应用研究，企业则偏向低碳产品和工艺开发。因此，研发主体表现出不平衡甚至错位现象：科研院所是低碳技术研发创新的主力军，其次是国有企业，大型私营企业不在低碳技术研发主体之列。比如我国低碳技术专利申请量排名前五的，有四家是科研院所，只有一家是国有企业。低碳技术属于新兴技术，具有投资大周期长、风险大等特点，企业通常没有很强的投资意向，或者个别企业具有发展愿望却难以有效融资。究其原因，主要还是国家政策一般以支持科研院所和国有企业低碳技术研发为主，普通中小企业主导的低碳技术项目很难得到政府资金支持；另一方面由于缺乏有效的扶持和激励政策，使得大量中小企业一直游离于低碳技术研发主体之外。

（3）企业技术自主创新机制还不完善

企业是市场的主体，完善的低碳技术自主创新机制能有效促进企业实现自主创新目标、增强持续自主创新能力。数据表明，中国2800余家大中型企业中拥有研发机构的仅占1/4，企业能源开发投入仅占总投入的2%。同时，企业的低碳技术自主创新动力缺乏，“产学研”结合不够紧密，没有形成完善的科技成果转化机制，大量低碳科技成果没有实现产业化，影响了低碳技术自主创新能力的发展。

（4）政策引导不够

目前，我国低碳技术自主创新体系缺少宏观上的统筹协调，导致低碳创新资源的能量没有很好释放，低碳技术研发工作处于低水平重复和低效率状态；人才管理制度改革滞后，高校和科研院所聚集了大量的低碳科研人员，与此形成鲜明对比的是企业低碳科研人才尤其高级人才严重短缺；考评激励制度不完善，没有很好调动低碳科技人才的积极性和创造性；另外，政府在采购低碳技术创新产品，保护低碳企业自主创新方面做得还不够，影响了企业低碳技术自主创新能力的提高。

三、低碳技术自主创新系统完善

低碳技术创新系统是指以低碳经济增长为目标，充分发挥政府、企业、科研机构等创新主体的积极性，合理分配创新资源，开展低碳技术创新，促进低碳技术创新成果扩散、运用和普及的功能体系。

我国低碳技术发展起步较晚，基础薄弱，因而加快完善低碳技术创新系统尤为重要，低碳技术创新系统主要包括三个方面。优化低碳技术创新投入体系，提高低碳技术创新投入能力；构建低碳技术创新平台体系，提高低碳技术创新支撑能力；健全低碳技术创新服务体系，提高低碳技术创新转化能力。

1. 优化低碳技术创新投入体系

低碳技术创新过程包括低碳技术研发、试点推广和产业化应用等多个阶段，每一个阶段都需要投入大量的资金。目前欧盟、美国、日本等发达国家都已明确资本市场是低碳技术创新的重要资金来源渠道，不断加大投入对企业低碳技术创新进行支持，以抢占低碳技术高地。因此，为加强低碳技术创新，必须建立以政府投入为引导、企业投入为主体、社会投入为补充的多渠道、多层次低碳技术创新投入体系，着力提高低碳技术创新投入能力。

（1）加大财政资金对低碳技术创新的投入

加大财政资金支持力度，安排专项资金支持低碳技术创新，同时建立监督机制，保证资金及时到位，并对资金使用效果进行及时评估；鼓励企业通过灵活折旧、利润存留等多种方式，建立低碳技术创新引导基金，政府以科技入股方式，解决企业在低碳技术创新过程中的资金短缺问题，调动企业对低碳技术创新和示范应用的积极性。另外，政府应设立专门的风险性投资基金，在政府的引导和示范下，引入民营资本和外资等多元化投资主体进入低碳技术创新研发、应用领域，形成以政府投资为主导的多元化低碳技术创新投入体系，解决企业在低碳技术创新中资金缺乏的问题。

（2）组建各种形式的风险投资基金

低碳技术具有很高的科技含量，研发投入和投资风险都比较大，应鼓励风险投资机构加大对低碳技术创新领域的投资。因此，应制定风险投资运行相关政策，创造良好的投资环境，政府可设立引导性的风险投资基金，并鼓励投资银行、保险公司等机构以各种形式设立风险投资基金，为低碳技术创新提供资金支持和保障。

（3）完善低碳技术创新的资本市场体系

应充分发挥市场在资源配置中的决定性作用，吸引多元化投资主体，拓宽低碳技术投融资渠道，鼓励大企业、民营资本和个人投资低碳技术创新领域；鼓励低碳企业进入主板、创业板等国内资本市场进行融资；积极争取国际金融机构贷款，利用国际资本市场进行跨国融资；建立碳交易货币以及包括银行贷款、直接投融资、碳期权期货、碳指标交易等一系列金融衍生品为支撑的碳金融体系，运用金融杠杆为低碳技术创新提供金融支持，推动低碳经济发展。

2. 完善低碳技术创新平台体系

低碳技术创新平台是制约低碳技术创新的重要因素，应对低碳创新资源进行高效配置，构建低碳技术服务和信息网络平台、低碳技术研发合作平台和低碳技术创新科技成果转化平台，完善我国低碳技术创新系统。

（1）构建低碳技术创新信息网络平台

建立低碳技术创新信息共享平台，加强各创新主体之间的合作交流，促进包括国际低碳技术转让、引进、消化和吸收。建立多层次的低碳技术创新成果交易供需网络，促进低碳技术成果的商品化和产业化。

（2）构建低碳技术研发协作平台

围绕低碳技术创新重点领域，建设一批企业技术中心、工程技术研究中心和重点实验室等低碳技术创新研发平台，加强低碳技术创新能力建设；建设一批低碳科技产业园和产业化基地，鼓励高校、科研院所、企业及政府共建低碳技术研发平台，共享资源，加强低碳技术创新能力和产业化能力建设；建立碳计量、碳监测、碳核证标准，建立碳监测平台和数据库，支持碳交易中介机构发展，促进碳交易工作。

（3）构建低碳技术创新科技成果转化平台

探索建立“产学研”联合机制，加快构建以市场为导向、企业为主体、产学研用相结合的低碳技术创新体系建设。针对共性和重大关键低碳技术开展联合研究，将低碳技术成果是否成功转化作为衡量低碳技术研发绩效的重要因素，并与科研人员利益挂钩，鼓励高校、科研机构及低碳企业的技术创新，支持科技人员在低碳技术基础研究领域开展创新性研究，积极抢占低碳技术制高点。加快建立低碳科技资源共享与成果转化服务平台，支撑工业节能、建筑节能、二氧化碳的捕获与封存（CCS）等低碳技术服务业快速发展；围绕低碳市场需求，组建低碳技术创新联盟，加强太阳能、生物质能等低碳技术联合攻关与产业化；重点培育有较强低碳技术创新能力的龙头企业，提升低碳产业竞争力。

3. 健全低碳技术创新服务体系

低碳技术创新服务体系的效率对低碳技术创新产出能力有重要影响，因此，政府应克服低碳领域科研机构与企业需求脱节的弊端，加强“产学研”合作交流，提高低碳科技成果转化效率。

（1）完善我国低碳技术创新成果转化的服务体系

完善的低碳技术创新成果服务体系，是实现低碳科技成果产业化，扩大低碳企业经济规模和效益的重要条件。建立低碳技术创新成果服务体系，一是建立低碳技术知识共享体系，建立联动机制，使低碳科技创新的知识、技术等资源能够被各创新主体充分共享；二是建立低碳技术信息服务体系，充分利用网络等媒体进行低碳技术知识宣传，普及低碳技术知识，使社会了解国内外低碳技术新动态，关心低碳技术适用性；三是引进和培养低碳技术创新人才，建立低碳技术创新人才培养基地，吸收借鉴国外低碳创新成果，通过引进、消化、吸收和再创新，不断提高低碳技术自主创新能力，创造符合市场需求的具有实用价值的低碳技术创新成果，提高低碳科技成果的转化率，加快低碳科技成果转化和应用步伐。

（2）健全我国低碳技术创新科技成果转化的保障体系

低碳技术创新与成果转化具有很高的风险性和外部性，降低了各行为主体对低碳技术创新和推广应用的主动性和积极性，严重影响了低碳技术成果转化。因此，政府应建立低碳技术创新成果转化风险保障机制，降低低碳技术创新主体成本，减少风险，并为低碳企业拓宽融资渠道，鼓励银行、保险等金融机构为低碳技术创新及成果转化拓展相关业务，提供资金和保障。

（3）构建低碳技术创新中介服务体系

拓展低碳技术研发、管理和转化过程的中介服务领域，为创新主体提供资金、技术和人才等各种服务，包括低碳管理系统集成、低碳技术创新咨询和低碳战略规划等多种服务；充分发挥金融中介机构在开展 CDM 中的作用，制定相关交易制度，构建未来碳交易市场基础，进行低碳技术项目合作。

四、低碳技术自主创新机制设计

低碳技术自主创新能力在未来产业竞争中将发挥重要作用，我们必须加强低碳技术自主创新机制设计，结合现代信息技术、新材料等先进技术，提高各产业的能源使用效率，积极进行低碳技术自主创新活动，不断优化各产业的低碳技术结构，推动产业升级。

1. 建立低碳技术自主创新市场机制

市场是资源配置的主要方式，低碳技术创新需要依靠市场机制的需求因素拉动，而低碳技术创新效益的实现与市场供需密切相关。低碳技术创新经济效益需通过市场的需求拉动机制、竞争机制以及利益反馈机制得以实现，市场机制对低碳技术自主创新有重要的拉动作用。

目前，低碳产业市场需求十分巨大，但低碳产业市场并非垄断市场，竞争也十分激烈，市场中原有的低碳企业试图不断扩大低碳产业市场份额，新进入该产业的中小企业需要在资金、技术方面具备一定的竞争实力，才能和原有企业争夺市场。市场竞争的压力迫使各企业只有不断通过低碳技术自主创新，通过独立开展低碳技术研发，或成立联盟加强企业间的经济技术合作，来推动低碳技术创新和产业发展。只有这样，企业才能创造出利润并再投资于低碳技术创新，并通过市场机制循环不断推动低碳技术创新。同时，要发挥市场在资源配置中的决定作用，实现资源的合理配置，必须深化能源企业改革，建立现代企业制度，通过规范公司治理结构，激励低碳技术创新，使企业成为低碳市场竞争的决策主体和投资主体，更好地优化资源配置，适应市场竞争。

第一，优化价格的杠杆作用。必须完善反映低碳资源稀缺程度的价格形成机制，推进环境资源价格的市场化，通过价格杠杆的作用，使企业主动核算经营过程中的资源生态成本及收益，利用价格杠杆迫使企业开展低碳技术创新，对资源进行有效利用。比如采用资源有偿使用制度，企业使用环境资源必须承担一定成本，对于高耗能、高污染企业，提高行业准入门槛和资源使用价格。推进资源价格市场化，提高稀缺资源的价格，促使企业和公众节能降耗。

第二，完善市场对低碳产业的引导作用。市场需求决定低碳产业的发展，低碳经济的发展使人民对资源利用和环境保护的需求越来越大，随着低碳产业的发展，可以采取“谁污染，谁付费；谁投资，谁受益”的市场机制，吸引国内外资本进入低碳环保产业，借助市场实现投资多元化，使排污企业集中力量关注经济效益进行生产，而让专业化程度高的环保企业专注污染治理。

第三，发挥市场对消费模式的引导作用。通过广泛宣传，在全社会树立节能环保意识，提倡节能环保的生产和消费模式，让公众自觉履行节能环保义务，带动全社会各领域、各行业积极行动，形成节能减排的坚实社会基础。

2. 建立低碳技术自主创新协同机制

低碳技术创新中的协同机制主要是指，低碳技术创新主体通过一定的组织形式，为实现各自的价值目标，发挥各自优势，共同进行低碳技术创新活动的一种行为。完善的低碳技术创新协同机制是保持低碳技术创新体系稳定的重要保证。

低碳经济时代，国家综合国力的竞争主要依靠低碳技术创新。由于高校和科研院所拥有低碳技术创新的高级人才和最先进的低碳技术创新成果，能直接参与地方低碳经济建设，支持地方低碳产业发展，企业拥有实践经验丰富的低碳技术人才和专业设备，并了解市场需求，政府则能为低碳技术的创新和产业化提供政策支持，增强高校和企业的抗风险能力。因此，建立低碳技术自主创新协调机制关键在于以市场为导向，确立企业的市场主体地位，企业、高校和政府进行有效合作，实质是通过有效组织各种要素，充分集成政府政策、企业生产、高校科研等功能和资源优势，以实现低碳技术创新和产业化。完善的低碳技术协同机制能够推动低碳技术创新，提升企业竞争力，加速低碳技术创新成果产业化。

第一，应建立低碳技术创新的激励机制。以产权为合作纽带组建股份制企业，将各自的资金、技术等资源围绕各合作方的需求进行有效整合，明晰产权和各方责任，合理进行利益分配。

第二，应建立低碳技术创新的风险管理机制。低碳技术创新成果转化存在高收益和高风险，在共同利益目标下，为了确保合作顺利进行，必须建立风险责任机制，对各方共担风险进行有效约束，确保企业与高校合作实现低碳技术创新目标。

第三，建立低碳技术创新的成果导入机制。低碳技术创新成果导入决定了成果的转化效率，对于整个合作过程必不可少。应通过分析导入切入点、设计详细导入方案、控制成果导入、考核成果导入效果等方式，解决低碳技术创新成果转化率低的问题。

3. 发挥政府的激励约束机制

市场机制在低碳技术创新过程中发挥了重要作用，但市场机制也存在市场失灵和市场功能缺陷，这时就需要政府发挥积极作用，建立节能减排长效管理机制，坚持将政策激励与依法管理相结合，重点做好低碳产业规划指导，制定相关激励政策，完善法规标准，严格执法监督。政府的激励约束机制主要是通过财税激励和“产学研”合作等手段，促使企业通过低碳技术创新，合理利用能源，进行节能减排和环境保护的机制。

从低碳技术自主创新体系现状入手，政府应更多地运用低碳技术创新政策，通过利益调整对低碳技术创新进行激励、引导、保护和协调。在低碳技术创新激励方面，制定相关激励政策，降低低碳技术创新的风险，加强低碳共性技术和关键技术研究，加强低碳技术创新成果产出支持，加大对低碳技术创新主体奖励，提高创新收益。在低碳技术创新引导方面，结合低碳行业发展实际，出台低碳技术发展规划，制定相关标准，引导企业进行低碳技术创新活动。在低碳技术创新保护方面，可通过政府采购、特许权制度等，扶持低碳技术创新和新兴产业发展。在低碳技术创新协调方面，政府则应协调跨行业、跨企业的低碳技术创新以及低碳技术的引进与转让。

第一，完善低碳技术创新的财政激励与制约机制。在财政预算中，加大对节能减排监测、执法和标准制定等基础性工作的支持力度和导向作用，充分发挥财政政策和财政资金的激励作用，政府可以给予节能减排达标企业一定的物价补贴、财政贴息等财政补贴，对企业用于生产经营的节能减排设备采取加速折旧，对使用节能产品，进行节能改造的单位和个人也适当给予财政补贴，通过政策激励引导低碳技术创新和节能减排。如 2008 年，财政部为了支持节能减排工作，安排了 270 亿元专项资金。其中，用于十大重点节能工程奖励资金约 75 亿元；用于中西部地区城市污水处理配套管网建设资金约 70 亿元；用于淘汰落后产能奖励资金约 40 亿元；用于“三河三湖”及松花江流域治理奖励资金约 50 亿元；用于环境监测能力建设及节能基础工作等资金约 35 亿元。通过这些激励措施，推动了节能减排工作的实施。同时，还要发挥财政政策和财政资金的杠杆作用，推动全社会重视低碳技术创新和节能减排工作，转变经济发展方式和消费模式。因此，今后应加强对国家重点节能工程支持，完善“以奖代补”政策；对中西部城市污水处理设施配套管网建设安排资金支持；对欠发达地区淘汰落后产能通过专项转移支付支持；支持建立并完善节能报告、审计制度和能效标准、标识制度，做好节能减排的基础工作。

第二，完善低碳技术创新的税收激励与制约机制。由于我国还没有开征环境税，资源税普遍较低，现有税收政策不能激励废弃资源的再生利用，对资源环保企业的产品征收了较高的增值税，节能减排的税收激励政策还不完善。因此，应充分利用税收杠杆作用，鼓励节能减排。一是完善节能减排的税收优惠政策。相关部门可按照国家的《节能产品目录》等资源节约、再生利用产品名录，对开发利用循环资源和替代资源的企业产品免交销售税，激励企业进行资源的回收利用；对高污染和高耗能产业征收重税；对有害环境的产品征收环境保护税，提高消费税；对绿色产品则征收较低的消费税。这样利用税收激励进行调节，引导企业进行低碳技术创新，从节能减排中要效益。二是适时完善相关税种。完善扩大资源税，应扩大资源税征收范围，提高税率，改革计征方式，构建由资源税、权利金、特别收益金三者组成的资源类产品财税调节体系；研究开征环境税，环境税包括大气污染税等，对节能减排意义重大，政府应着手加快研究制定实施；适时开征燃油税，控制能源消费，建立石油相关行业的价格联动机制，推动节能减排深入开展。

第三，完善“产学研”合作的激励与约束机制。一是促进低碳技术创新“产学研”合作的深入发展，政府在资助低碳技术科研课题或进行低碳项目审批时，可对“产学研”合作的申报者进行倾斜，规定特殊或者重大低碳项目应由“产学研”合作申报，低碳技术的基础研究由高校和科研机构负责，低碳技术的应用和产业化推广则由企业负责；政府可设立“产学研”合作专项资金，资助“三废”减排技术、资源回收利用技术、新能源技术、新材料等低碳技术创新的关键共性技术研发，降低高校、科研机构和企业的风险；构建低碳技术创新“产学研”合作交流平台，为高校、科研机构和低碳企业合作提供低碳技术交流和项目合作等信息，促进“产学研”合作向纵深发展。二是加快完善低碳技术创新合作机制的相关法律，规范“产学研”不同主体的权利和义务，明确界定知识产权和利益分配，对违约行为进行惩罚，为低碳技术“产学研”合作提供法律保障，对低碳技术“产学研”合作成员的行为进行规范，保护各方权益，将低碳技术创新各方的优势资源充分利用在低碳技术合作项目的研发和产业化中。

第十章　低碳技术创新政策保障

低碳技术的创新与发展离不开政策的支持。在低碳技术创新过程中，既要充分发挥市场机制的决定性作用，更要发挥好政府的调控作用。政府作为低碳技术创新的重要推动者，在推动低碳技术创新和产业化过程中，政府的激励政策具有非常重要的作用。中国的低碳技术创新政策具备一定的基础，但与发达国家相比，仍有较大差距，应充分借鉴发达国家在低碳技术创新政策方面的先进经验，为我国的低碳技术创新提供借鉴，制定科学的低碳技术创新政策，促进低碳技术创新。

一、政策创新与低碳技术

1. 低碳经济政策的内涵

低碳经济政策是指减少以二氧化碳为表征的温室气体排放和化石能源消费为目标的各类政策的统称。制定低碳经济政策的目的在于鼓励低碳技术研发应用，减少化石能源消费，促进可再生能源利用，其最终目标是碳减排。这些政策由法律法规、规章和规范性文件等构成，具有明确的导向性。

从政策导向来看，低碳经济政策主要是通过加强低碳立法，鼓励低碳技术创新，提高能源使用效率，不断优化能源结构和产业结构。

从政策体系来看，包括可再生能源政策、节约能源政策和能源技术政策等低碳能源政策；碳减排技术研发、应用和转让政策，碳封存技术政策，低碳技术标准等低碳技术政策；鼓励低碳产业发展、低碳产品生产和高碳产品生产与进口限制等低碳产业政策；绿色包装、绿色采购、绿色物流和绿色社区等低碳消费政策；环境税、生态税等税收优惠政策；低碳项目投融资等低碳金融政策。其中，鼓励低碳技术研发和应用是政府制定低碳经济政策的重点。

从政策机制来看，主要是按照《京都议定书》框架，通过发达国家与发展中国家合作，采取“技术和资金换减排量”、共同分享减排量或者在市场上买卖排放量的方式来实现共同减排。

从政策工具来看，主要有以市场失灵理论为依据的政府管制、碳排放税、财政补贴和碳基金；以产权理论为依据的碳排放交易；以信息不对称及委托—代理理论为依据的标签计划、自愿协议；以不确定性理论为依据的能源合同管理；以生态工业学理论为依据的生态工业园规划等政策工具。这些政策工具的特点是充分发挥市场机制作用，使各项政策相互协调，调动社会力量参与，来保障政策的实施效果。

2. 政策创新与低碳技术的关系

低碳技术主要有减碳技术、无碳技术、去碳技术三类，而低碳技术创新就是通过转变技术范式来对原有技术经济系统进行解锁的过程。发展低碳经济、降低碳排放的重点就是进行低碳技术创新。

技术创新是经济发展的源泉和动力，发展低碳经济需要低碳技术创新及其相应的低碳政策的支持。创新理论认为，经济增长由技术性因素和政策性因素驱动，技术创新与政策创新构成创新体系。激励技术创新和推动经济增长的关键在于政策创新，低碳政策制定的好坏直接影响着低碳技术创新，只有以政府政策创新为后盾，低碳技术创新才有生命力。通过政府的政策创新，激发市场的活力和配置效率是推进低碳技术创新的根本动力。

政策创新的目的是使政策决策更科学、政策实施更规范、政策目标更准确、政策手段更完善、政策效果更明显。在低碳技术创新过程中，需要制定完善的低碳技术创新政策体系，以保证低碳技术高效、有序地发展。只有政策创新与低碳技术创新相结合，才能促进低碳技术创新。

二、发达国家低碳技术创新政策借鉴

2003 年，国际上才首次出现了“低碳经济”的概念，但早在 20 世纪 80 年代末，已经有部分国家开始低碳实践，进入 21 世纪以来，世界各国更是大力发展低碳经济，其中以欧盟、美国、日本等发达国家为代表，制定出台了一系列扶持低碳技术创新的政策，鼓励低碳技术创新，来发展低碳经济。这些政策包括法律法规、规章和规范性文件等，涉及低碳技术研发的各个领域，形成了相对完善、科学的低碳技术创新政策体系，对鼓励低碳技术创新具有明确的引导和扶持作用，为这些国家低碳经济的发展起到了很好的促进作用。因此，有必要学习发达国家在低碳技术创新政策方面的先进经验，来指导我国的低碳技术创新工作。

1. 欧盟

欧盟在低碳技术创新方面起步较早，在低碳技术创新政策方面也积累了丰富的经验，使得欧盟成为低碳经济发展最为成功的地区之一。欧盟的低碳经济战略主要是在欧盟内部统一协调，通过制定实施有针对性的技术创新政策，来鼓励支持低碳技术创新的发展，迅速建立起低碳技术的竞争优势，使低碳产业得到快速发展。欧盟在世界上率先对二氧化碳排放征收碳税，随后，欧洲地区大部分国家，包括德国、英国、法国、挪威、荷兰、瑞典、丹麦、芬兰等国家也开始制定对能源消费或者碳排放征税的政策。在对碳排放征税的同时，欧盟又对低碳行业的发展和低碳经济行为进行鼓励，主要是对低碳行业的生产部门，以及购买低碳产品的消费者给予相应补贴，以鼓励低碳技术创新。

（1）出台欧盟战略能源技术计划

2007 年，欧盟通过协调各成员国，由欧盟委员会通过了欧盟战略能源技术计划。该计划主要是为了促进欧盟各成员国的低碳技术研发水平，以完成欧盟制定的应对气候变化目标。该目标是：到 2020 年，欧盟的温室气体排放量减少 20%，到 2050 年，力争将温室气体排放量减少 60% 至 80%。2008 年 12 月，欧盟最终就欧盟能源气候一揽子计划达成一致，该计划主要包括欧盟排放权交易机制修正案、欧盟成员国配套措施任务分配的决定、碳捕获和储存的法律框架、可再生能源指令和汽车二氧化碳排放法规等，借此促进低碳技术创新，从而在全球新一轮低碳产业竞争中占据优势。

（2）运用财税政策促进新能源技术研发

2010 年 3 月，欧盟委员会发布了“欧盟 2020 战略”，提出欧盟走出经济危机并实现经济复苏的一个重要举措就是通过低碳技术创新，发展低碳经济，并使欧盟到 2020 年的能源使用效率提高 20%。该战略将充分发挥市场的作用，利用欧盟温室气体排放贸易机制、碳税等政策来减少企业和居民的温室气体排放量，并通过设立基金等方式筹集资金，来支持欧盟各国进行低碳技术创新，发展低碳经济。2010 年 11 月，欧盟委员会就提出一项计划，通过拍卖 3 亿份碳排放许可证，以筹资 45 亿欧元支持欧盟低碳领域的技术创新项目。同时，欧盟也积极运用财税政策，对碳捕捉及封存等低碳技术的研发和推广进行重点支持。如法国政府在2012年开始向加入碳排放交易机制的企业征收新的二氧化碳排放税；英国则对用电企业征收大气影响税，该项税收每年约为10亿英镑，主要用于支持国内企业的低碳排放技术方面的研究；丹麦等国主要是对低碳技术的研发、低碳基础设施建设与投资等给予相应补贴。

（3）市场机制主导低碳发展

欧盟在低碳技术创新和低碳经济发展过程中，高度重视并充分发挥了市场机制的重要作用。欧盟在全球率先实施了区域碳排放交易体系，这其中，英国实施了碳标签和碳认证，德国率先对航空业温室气体排放征收航空税，荷兰、丹麦等国家则开征了碳税。同时，欧盟的碳排放交易还是世界上第一个跨国排放权交易机制，这个碳排放交易现在已逐步发展成了全球最大的碳交易市场，在交易量和交易额上，都远远大于世界上其他碳排放交易市场。

（4）典型国家经验借鉴

英国。2003年，英国在其发布的《能源白皮书》中正式提出发展低碳经济以后，陆续制定出台了一系列促进低碳技术创新的政策，如2005年的《使用化石燃料的碳减排技术的开发战略》、2007年的新《能源白皮书》等。同时，英国还通过建立碳排放交易机制，成立“碳基金”、建立英国能源研究中心和能源技术研究所等措施，来积极促进低碳技术创新和产业化，从而使英国在低碳经济发展上取得了较大的成功。

低碳技术创新为英国的低碳经济发展发挥了重要作用，为了适应低碳经济发展的需要，英国政府制定了一套完善的低碳技术创新政策，主要有以下几个方面。

一是对低碳技术研发提供资金支持。2008年至2009年，英国政府安排了8.08亿英镑财政预算，用于英国未来三年的低碳技术研发和成果转化；2009年7月，英国政府针对全球低碳经济转型，公布了《低碳产业战略》，该战略是英国到2020年的低碳经济发展路线图，计划投入巨资，包括加大财政投入和补贴，通过税收减免等措施，为碳捕获和封存、核能、智能电网等低碳技术研发创新提供资金支持。

二是制定法规政策。2005年到2011年，英国政府先后出台了《减碳技术战略》《用于化石燃料的碳减排技术发展战略》、新“二氧化碳减排计划”、发展“清洁煤炭”的计划草案、《英国低碳转型战略》《英国可再生能源战略》以及《英国低碳工业战略》等方案。其中，2007年，英国宣布对第一个二氧化碳捕获与封存技术的大规模示范项目进行支持。2008年，英国在其发布的《英国政府未来的能源——创建一个低碳经济体》白皮书中，明确提出了英国2050年时的能源发展目标。2009年4月，英国进一步将碳预算纳入政府预算，加大了在低碳相关产业上的投资。

三是设立碳基金。早在2001年，英国通过市场化运作，投资设立碳基金来支持低碳技术研发；2005年，设立了3500万英镑示范基金；2011年4月，英国又以“种子投资”的方式，投资30亿英镑建设绿色投资银行，吸引民间资本投资，拓宽了低碳技术项目的融资渠道。

目前，英国已基本形成了以市场机制为基础的低碳技术创新政策体系，为低碳技术创新发展提供了重要保障，也为世界各国发展低碳技术提供了很好的借鉴。

德国。德国在低碳技术研发及应用方面一直处于欧盟乃至世界的先进水平。德国政府高度重视低碳技术创新和环境保护，通过立法等形式规定了节能减排目标，并将减少温室气体排放等纳入国家可持续发展战略。其主要做法有以下几个方面。

一是政府提供巨额资金支持低碳技术研发。2009年6月，德国政府出台文件，将促进低碳技术创新，发展低碳经济作为德国经济现代化的重要内容，陆续制定出台了一系列低碳技术研发计划，为低碳技术创新和应用提供资金支持。到2020年，德国用于低碳基础设施投入将至少增加4000亿欧元，重点加强新能源汽车、可再生能源等低碳技术的研发应用。

二是出台多项低碳经济政策。为了确保可再生能源的地位，从2000年起，德国政府先后出台了《可再生能源法》《可再生能源发电并网法》和《可再生能源供暖法》等法律，确定了沼气优先输送原则，到2020年，将沼气占天然气使用比例提高到6%。另外，为了保障二氧化碳的捕获与封存（CCS）技术发展，德国政府制定了二氧化碳的捕获与封存（CCS）技术的法律框架。为了积极推广低碳发电技术，德国政府还制定了《热电联产法》，对热电联产技术生产出来的电能予以补贴。

三是征收生态税。德国从提高能源使用效率，促进节能减排的角度出发，制定了促进低碳技术创新的相关税费政策。一是对使用石油天然气征收生态税；二是将企业享受的低碳税收优惠与节能减排挂钩，同时专门成立节能减排专项基金，提高德国中小企业能源使用效率；三是通过提高机动车税，促进汽车行业进行节能减排技术创新，减少德国大排量汽车的使用。

2. 美国

美国是世界上经济最为发达的国家，在低碳技术发展和环境保护方面也一直很重视，出台了很多促进低碳技术创新方面的政策，使美国的低碳技术水平一直处于国际前列，也促进了美国低碳经济的快速发展。

（1）加大财政预算投入

2008 年，美国政府在低碳技术创新方面的预算是 41.80 亿美元，到 2010 年则增加了 45%，达到 60.6 亿美元，主要用于化石能源、可再生能源、氢能源等低碳技术创新领域。美国总统奥巴马在 2009 年 2 月的国会演讲中表示，美国政府将投资 150 亿美元用于风力发电、太阳能发电、生物质燃料、清洁煤、环保车的研发投资。2009 年 5 月，美国政府又安排 24 亿美元预算，通过实施“碳隔离核心计划”等，联合欧盟一起研发二氧化碳的高效率分离、回收及运输的相关技术，对碳进行回收与储藏。2009 年 6 月，美国政府颁布了《美国清洁能源与安全法案》，明确提出到 2025 年，投资 1900 亿美元用于低碳技术研发，其中 900 亿美元用于能源效率及可再生能源研发，600 亿美元用于碳捕捉和封存技术研发，200 亿美元用于电动汽车相关技术研发，200 亿美元用于低碳基础科学研发。

（2）鼓励技术创新以降低成本

美国政府不但十分重视低碳技术创新，也非常重视低碳技术的应用推广和示范，利用低碳技术创新来降低能源使用成本，使之逐步取代传统能源。如美国政府在 1997 年实施的“百万屋顶太阳能计划”，同时，美国还对政府办公楼、学校等公共场所利用低碳技术进行节能改造，产生了良好的经济和社会效益。

（3）采取强制与激励相结合的政策

美国政府先后颁布了《公共事业管制政策法》《能源税法》《大气清洁法修正案》《能源政策法》等一系列强制性法案，来促进低碳技术创新。同时，还通过减税、补贴、绿色电价等措施来鼓励低碳技术的应用。如美国鼓励投资发展混合动力汽车等低碳技术，政府安排 40 亿美元资金支持汽车制造商，消费者购买汽车就有 7000 美元的抵税额度，目标是到 2015 年，美国的混合动力汽车销量力争达到 100 万辆。在石油进口方面，则规定当石油价格超过 80 美元 / 桶时，需对美国国内的石油开采公司征收暴利税，税收收入一部分补贴消费者，另外一部分用于低碳技术研发。

（4）实施碳排放交易

美国有非常完善的碳交易体系，其中主要有芝加哥气候交易体系（CCX）、区域温室气体行动计划（RGGI）、西部气候倡议（WCI）、中西部温室气体减排协议（MGGA）。同时，美国各州级政府也十分重视碳减排，在各州层面建立了多个碳交易体系，有基于配额和项目的碳交易市场，也有自愿减排和强制减排市场。同时，民众碳金融意识也比较强，碳金融业务和碳金融产业非常丰富，包括碳减排量现货、碳减排量期货期权，以及碳相关的金融衍生品。碳金融的发展获得了政府部门的支持，碳金融服务机构完善，形成了以企业为主体的良好的碳金融市场。

3. 日本

日本作为一个能源匮乏的岛国，与欧盟和美国相比，其发展低碳技术更具有紧迫性和现实意义。因此，日本政府在制定实施低碳技术创新政策上也更加务实和高效，日本的低碳技术创新政策以政府为主导，通过加强与民间资本合作，建立了低碳技术开发、低碳技术示范和低碳技术应用的创新机制，很好地实现了低碳技术与低碳经济的结合，使日本在节能减排、建设低碳社会等方面始终走在世界前列。

（1）加大低碳技术研发财政资金预算

从 2001 年开始，日本政府每年都安排 130 亿美元的财政预算，下拨到环境省等相关部门，支持低碳技术相关项目。2008 年 7 月，日本内阁综合科学技术会议公布了《低碳技术计划》，计划到2013年，共投入500亿美元来落实该计划，推行低碳技术战略，发挥政府在低碳技术研究中的重要作用，大力支持温室气体减排以及碳捕捉及封存等低碳技术的研发。在日本国会通过的 2009 财年预算案中，安排了约 100 亿日元用于环境能源方面的低碳技术研发，其中 55 亿日元用于太阳能发电技术研发，在 2010 财年预算案中，日本国会又单独安排 25 亿日元用于研发尖端低碳技术。

（2）加强政策法规设计

日本在 20 世纪中期就形成了以保护环境安全为中心，以节约能源、降低能耗、提高效率为基点的政策法规设计。2006 年，日本经济产业省拟定了《国家新能源战略》，从发展低碳技术等六个方面推行新能源战略，发展太阳能、植物燃料等可再生能源，推进低碳技术领域的国际合作，将日本的能源使用效率提高 30% 以上。2007 年，日本制定了《COOLEARTH 能源革新技术计划》，投入巨资进行全新炼铁技术、太阳能电池技术与新能源技术的研发。2008 年，日本政府又制定了“低碳社会行动计划”，重点支持二氧化碳回收储存技术、新能源应用技术、新能源汽车等低碳技术研发，支持日本低碳社会建设。同年 6 月，时任首相福田康夫提出了“福田蓝图”，旨在防止全球变暖，“福田蓝图”的提出也标志着日本低碳战略的正式形成，其目标是日本的太阳能发电量到 2020 年要提高 10 倍，到 2030 年要提高 40 倍，长期目标是日本的温室气体排放量到 2050 年减少 60%—80%。2009 年 4 月，日本开始实施“绿色税制”，对购买环保汽车的消费者免除车辆购置税，鼓励消费者使用低碳技术产品；对企业购买节能设备的则减少固定资产税和所得税。如日本的补助金制度，对企业购买节能设备、进行节能技术改造的投资给予总投资额 1/3 到 1/2 的补助（一般项目补助额不超过 5 亿日元，大规模项目补助额不超过 15 亿日元）。

（3）日本碳基金

日本碳基金由日本政府和企业共同出资，其中包括 31 家私人企业，以及日本政策投资银行、日本国际协力银行等政策性贷款机构，主要用于购买国际碳减排量，以完成《京都议定书》规定的减排目标。

4. 启示与借鉴

欧盟、美国和日本等发达国家在促进低碳技术创新，发展低碳经济的经验表明，进行低碳技术创新，首先，要有明确的政策目标，通过制定相关政策和战略规划，明确低碳技术创新的方向；其次，政府要为低碳技术创新提供大量资金投入，并综合运用财税、金融和资本市场手段来激励和扶持低碳技术的研发和应用。欧美日等国家发展低碳技术的先进经验，对我国制定相关政策具有重要的借鉴意义。

三、中国低碳技术创新政策现状分析

改革开放三十多年来，我国已经成为世界上第一大碳排放国，高能耗、高污染的粗放型经济发展模式已经难以适应未来经济发展要求，中国作为世界大国，有责任和义务改善气候变化问题。目前，我国在节能减排方面主要还是以淘汰落后产能为主，对制定低碳技术创新政策，营造低碳技术创新发展环境方面还存在许多不足，虽然我国每年对低碳技术创新研发投入不断增加，在低碳技术创新和应用上也取得了一些成绩，但与发达国家相比，还存在很大的差距，主要原因就在于我国在支持低碳技术创新的相关政策还很不完善。总的来说，中国的低碳技术创新政策主要有以下几方面特点。

1. 具备一定政策基础

中国是《联合国气候变化框架》和《京都议定书》（1997）的缔约国，长期以来，中国政府致力于节能减排工作，努力建设资源节约型和环境友好型社会，为此，相继制定实施了一批低碳技术创新政策。如 1999 年出台的《关于加强技术创新、发展高科技、实现产业化的决定》；2005 年出台的《中华人民共和国可再生能源法》《中国节能技术政策大纲》；2006 年出台的《国家中长期科学和技术发展规划纲要（2006—2020）》《千家企业节能行动实施方案》；2007 年出台的《中国应对气候变化国家方案》《中国应对气候变化科技专项行动》《中华人民共和国节约能源法》；2008 年出台的《民用建筑节能条例》《中华人民共和国循环经济促进法》《中国应对气候变化的政策与行动白皮书》以及 2011 年出台的《“十二五”节能减排综合性工作方案》。

这些政策的制定实施，表明了低碳技术创新对我国经济社会发展的重要意义，在一定程度上引起了社会对低碳技术创新的重视，明确了我国低碳技术创新的重要领域，并从财税政策方面对低碳技术创新给予扶持，在全社会营造了鼓励低碳技术创新的良好氛围。其中，《国家中长期科学和技术发展规划纲要（2006—2020）》是我国发展低碳技术中最重要的一个政策文件，对我国的低碳技术进行了部署，主要包括氢能及燃料电池技术、磁约束核聚变技术等，其中 16 个重大专项中，就有大型油气田及煤层气开发，大型先进压水堆及高温气冷堆核电站两个专项与低碳技术相关。另外，风电特许权制度、可再生能源电力全额收购等具体政策，也对低碳技术创新产生了很好的促进作用。中国政府还将二氧化碳减排目标纳入国民经济和社会发展中长期规划，这将促使更多支持低碳技术创新的相关政策出台。

2. 缺乏系统政策

低碳技术创新是低碳经济发展的基础，我国的低碳技术发展，主要还是依靠国家发改委、工信部、能源总局等不同部门的节能减排政策支持。这种政策支持对促进我国低碳技术创新发挥了一定作用，但也存在一些不足。一是这种政策支持对低碳技术创新发展缺乏全局性、系统性的政策指导；二是这些政策制定时忽视了企业参与，主要由政府主导制定并颁布实施，与企业的低碳技术创新需求脱节，政策执行的效果不够理想；三是低碳技术的法规政策之间还不够协调，配套政策相对滞后，执行效率低下；四是不能及时根据低碳经济发展需要，前瞻性地制定专项低碳技术创新政策，缺乏政策保障。截至目前，我国还没有一个针对低碳技术创新发展的政策文件，也缺乏发展低碳技术的路线图，对我国的低碳技术创新重点领域进行指导。

3. 政策缺乏有效激励

我国的低碳技术创新政策仍以行政手段为主，政策工具还很单一。一些地方政府还存在为企业设置排放上限，甚至“拉闸限电”的行为，没有建立起良好的市场激励机制，这是影响我国低碳技术创新的重要原因。首先，政府在低碳技术创新投入上不够，也没有建立稳定的投入机制，有限的投入往往也有限分配给了科研机构和国有企业，大量中小科技企业难以获得低碳技术研发支持。同时，由于低碳技术创新具有很强的外部性，金融机构对低碳技术项目投资热情也不高，目前主要还是依靠政策性贷款、政府临时拨款或者国际机构捐款来研发和推广低碳技术。其次，我国制定的部分低碳技术创新政策不能很好适应经济发展需要，未能有效实施，部分涉及税收、补贴等政策措施，由于没有制定细化的方案，不能对公众和企业的低碳技术行为形成良好激励，使政策的影响力大打折扣。

4. 技术创新投入不足

我国虽然为低碳技术创新的研发及相关产品使用提供了部分投入和相关补贴，但总的看来，财政投入水平还较低，补贴面窄，补贴力度小，对一些传统能源企业的政策性亏损补贴，甚至还降低了企业进行低碳技术创新的积极性。同时，由于低碳技术研发本身需要大量资金，又具有较高的风险，而对如何规避低碳技术创新投资风险的政策又比较缺乏，因此企业本身对低碳技术创新投入积极性不高，导致投入不足。

四、中国低碳技术创新政策安排

在促进低碳技术创新上，我国应充分发挥市场在资源配置中的决定性作用，但针对低碳技术创新中存在的许多问题，单靠市场不一定能很好地解决，这就要求我们充分发挥政府的作用，制定完善低碳技术创新相关政策，推动我国低碳技术发展。

1. 适时推出低碳技术创新发展战略

政府应根据我国经济发展情况，结合世界低碳技术发展趋势，制定符合我国国情的低碳技术创新发展战略，并将低碳技术创新理念贯穿到产业发展战略、可持续发展战略等各种战略中，制定低碳技术发展的路线路，对低碳技术创新进行全面规划，为低碳技术创新提供制度保障。首先，要对已有的《国家中长期科学和技术发展规划纲要》等文件进行落实，超前部署低碳技术研发项目，发挥其对低碳经济的引领作用。其次，我国的能源效率还很低，化石燃料在一段时间内仍将是我国的主要能源，因此，我国应制定中长期的低碳技术发展规划和实施方案，对低碳技术研发主体、创新平台等进行系统布局，优先选择洁净煤、天然气、可再生能源和新能源技术等进行开发，加强风能、太阳能和生物质能的开发利用，积极进行二氧化碳的捕获与封存（CCS）技术研究等。

2. 完善低碳技术创新的财税政策支持体系

最近几年，我国政府通过设立专项资金的形式，采取直接投资、政府采购等多种形式对低碳技术创新和低碳技术产品应用进行支持，并且支持力度在逐步加大，促进了低碳技术创新发展。

（1）加大财政资金对基础研究与应用支持

低碳技术研发分为研究开发、示范推广和产业化应用三个阶段。特别是低碳技术研发阶段，政府应制定相关财政政策，通过大量财政投入，提供创新平台来进行支持。在制定相关财政政策上，一是要建立政府财政投入的长效机制，明确资金额度和增长幅度等；二是完善低碳技术及产品应用的补贴政策，加大对低碳技术创新和产品应用的补贴力度，扩大低碳消费市场，引导产业升级；三是完善政府对低碳技术产品的采购政策，对应用低碳技术的产品优先采购；四是完善财政转移支付，加大对低碳技术研发应用活动的支持力度，推动低碳技术创新和产业发展。

（2）开征碳税

采用定额税率形式，对二氧化碳排放企业征收碳税，促使企业进行节能技术改造和低碳技术研发，提高低碳技术创新能力。同时，对低碳相关产业要加大税前抵扣力度，对各种要素投入所得税采取税收减免政策，利用碳税收入设立碳基金，对低碳技术创新项目提供资金支持，并制定碳税政策，支持节能减排的市场化运作，推广碳排放权交易，建立碳交易及其衍生品市场，促进碳金融产品创新，加快低碳技术创新成果的应用推广。

3. 构建低碳技术创新的资本市场支持体系

资本市场是低碳企业重要的投融资渠道，能够为企业低碳技术创新和应用筹集到所需资金，降低低碳企业融资成本和研发风险，资本市场已成为资源配置和支持低碳技术创新的重要平台。

（1）推进低碳资本市场投融资

建立低碳相关企业上市的“绿色通道”，对具备一定资产规模、低碳技术研发实力和运营规范的低碳企业优先安排在主板上市，对大量中小科技型低碳企业，支持其进入创业板市场进行融资。对符合低碳经济发展要求的低碳技术企业和项目核准发行低碳债券等筹集资金，鼓励金融机构发行“低碳金融债券”，对一些周期长、规模大的低碳产业进行投资。同时，设立环境产业基金和风险投资基金，加大对节能减排、低碳技术创新的资金投入。

（2）组建全国统一的碳金融交易所

建立一个全国统一的碳金融交易所，其产品不仅包括碳排放的现货交易，还包括各类碳排放指标与环境变化指标的期货、期权及互换合约的碳衍生品交易。应通过政府、企业和相关金融机构一起，加快支持低碳技术创新，促进低碳经济发展的碳金融衍生工具创新和开发，不断提高我国碳交易及低碳金融衍生工具市场的层次和国际化水平，以改变我国在全球碳交易市场价值链中的低端位置，提升我国在全球碳交易市场上的定价能力。

4. 实施低碳技术创新的采购及推广政策

制定完善的政府采购政策，对符合低碳技术发展方向，具有良好的市场潜力的低碳技术装备和产品实行首购政策，并对高技术含量的产品在政府采购预算中优先安排采购，通过政府采购引导低碳企业加快转型升级。同时，出台相关政策鼓励低碳技术创新和产品的推广应用，鼓励企业积极参与低碳技术标准的制定，对相对成熟的低碳技术标准进行推广，引导低碳技术及产品推广应用规范化，切实提高能源的使用效率。

5. 鼓励低碳技术创新的国际合作

《联合国气候框架公约》指出，发达国家有义务向发展中国家提供低碳技术。我国应加强与发达国家在低碳技术领域的交流和合作，并出台相关政策，鼓励开展国际低碳技术合作，加强低碳信息交流和资源共享，学习国外低碳技术发展的先进理念，通过清洁发展机制 CDM 项目，引进国外先进的低碳技术和高层次人才，通过支持一批科技含量高、经济效益好的低碳科技创新项目，共同开展合作，提升我国的低碳技术创新能力。

参考文献

庄贵阳:《中国经济低碳发展的途径与潜力分析》,《国际技术经济研究》2005年第3期。

付允等:《低碳经济的发展模式研究》,《中国人口·资源与环境》2008年第3期。

鲍健强等:《低碳经济:人类经济发展方式的新变革》,《中国工业经济》2008年第4期。

刘细良:《低碳经济与人类社会发展》,《光明日报》2009年4月21日。

金乐琴等:《低碳经济与中国经济发展模式转型》,《经济问题探索》2009年第1期。

潘家华:《怎样发展中国的低碳经济》,《绿叶》2009年第1期。

黄栋等:《论促进低碳经济发展的政府政策》,《中国行政管理》2009年第5期。

国务院发展研究中心应对气候变化课题组:《当前发展低碳经济的重点与政策建议》,《中国发展观察》2009年第8期。

冯之浚等:《关于推行低碳经济促进科学发展的若干思考》,《光明日报》2009年4月21日。

张春华:《低碳经济:气候变化背景下的发展之路》,《WTO经济导刊》2009年第1期。

王毅:《中国低碳道路的战略取向与政策保障》,《绿叶》2009年第5期。

庄贵阳:《低碳经济引领世界经济发展方向》,《世界环境》2008年第2期。

姜克隽:《中国发展低碳经济的成本优势》,《绿叶》2009年第5期。

郭万达等:《低碳经济:未来四十年我国面临的机遇与挑战》,《开放导报》2009年第4期。

任卫峰:《低碳经济与环境金融创新》,《上海经济研究》2008年第3期。

陈亚雯:《西方国家低碳经济政策与实践创新对中国的启示》,《经济问题探索》2010年第8期。

伍华佳:《中国低碳产业技术自主创新路径研究》,《社会科学》2013年第4期。

黄栋:《低碳技术创新与政策支持》,《中国科技论坛》2012年第2期。

赖流滨、龙云凤、郭小华:《低碳技术创新的国际经验及启示》,《科技管理研究》2011 年第 10 期。

张鲁秀、张玉明:《企业低碳自主创新的金融支持体系研究》,《山东社会科学》2012 年第 2 期。

杨再鹏:《清洁生产技术和清洁生产》,《化工环保》2003 年。

白慧峰、徐越、危师让等:《IGCC 及多联产系统的发展和关键技术》,《燃气轮机技术》2009 年第 4 期。

王智强:《国外 IGCC 发展对我国的启示》,《能源技术》2007 年第 3 期。

云增杰、吴国光等:《浅谈 IGCC 炭电与先进煤炭气化技术》,《能源技术与管理》2010 年第 4 期。

李新歌:《我国 IGCC 项目开发的影响因素及发展前景分析》2011 年。

郑利等:《加强废旧家电回收利用工作刻不容缓》,《再生资源研究》2001 年。

陈静等:《苍南县流域水环境评价及污染防治对策》,《长江流域资源与环境》2004 年。

曾祥才等:《浅析建筑节能技术》,《建筑节能》2007 年。

牛桂敏:《关键在完善结构调整保障机制》,《环境保护》2008 年。

杜明军:《构建低碳经济发展耦合机制体系的战略思考》,《中州学刊》2009 年。

吴昌华:《低碳创新的技术发展路线图》,《中国科学院院刊》2010 年。

王少勇:《建筑节能环保材料浅析》,《科技信息》2012 年。

朱洪涛:《浅析建筑节能新技术》,《城市建设理论研究》2013 年。

尹鹏飞:《浅析建筑节能中新材料、新工艺的应用》,《城市建设理论研究》2013 年。

靳伟等:《浅谈清洁生产》,中国环境科学学会 2012 年学术年会,2012 年。

章荣林:《基于煤气化工艺技术的选择与评述》,《化肥设计》2008 年。

曹晓蕾:《韩国新能源领域知识产权与产业发展研究》,《东北亚论坛》,2011 年第 2—97 页。

宏济:《日本低碳炼铁项目最新研发动态》,《世界金属导报》,2013 年 6 月 18 日,第 B02 版。

胡雪萍、周润:《国外发展低碳经济的经验及对我国的启示》,《中南财经政法大学学报》2011 年第 1 期双月刊总第 184 期,第 16—20 页。

左鑫:《美国低碳电力技术综述》,《华中电力》2010 年第 5 期,第 77—80 页。

郑婷:《低碳梦想之全球万花筒》,《绿色中国》2010 年 6 月 1 日。

陈柳钦:《日本的低碳发展路径》,《环境经济》2010 年 3 月 15 日。

陈柳钦:《新世纪低碳经济发展的国际动向》,《重庆工商大学学报》(社会科学版)2010 年 4 月 15 日。

林海琳:《二氧化碳功能高分子材料的合成和应用研究》,《材料导报》2004 年。

钱伯章:《二氧化碳合成可降解塑料的现状与前景》,《国外塑料》2010 年。

梁晓菲:《二氧化碳基聚合物的发展现状及展望》,《石油化工技术与经济》2008 年。

赵志龙:《汽车车门内饰板注塑模浇注系统优化》,《工程塑料应用》2011 年。

曾荣树:《二氧化碳地下封存研究》,《科学上海》2009 年。

钱伯章:《世界封存 CO_2 驱油的现状与前景》,《能源环境保护》2008 年。

罗佐田:《CO_2 驱油: 非主流的主流嬗变》,《中国石油石化》2010 年。

钱伯章:《碳捕捉与封存技术的发展现状与前景》,《中国环保产业》2008 年。

雷学军:《植物成型封存储碳降低大气二氧化碳技术研究》,《中国能源》2013 年。

刘勇:《可再生能源—太阳的利用》,《北京电力高等专科学校学报》2010 年。

高季章:《中国水力发电现状—问题和政策建议》,《中国能源》2002 年。

卢建昌:《核电燃料绿色供应链指标评价体系》,《中国管理信息化》2009 年。

高峰:《太阳能开发利用的现状及发展趋势》,《世界科技研究与发展》2001 年。

李钊明:《南市电厂改建为太阳能热发电厂的设想》,《上海节能》2010 年。

罗承先:《世界风力发电现状与前景预测》,《中外能源》2012 年。

Johnston, D.Lowe, R.Bell. An Exploration of the Technical Feasibility of Achieving CO-2Emission Reductions in Excess of 60% Within the UK Housing Stock by the Year 2050［J］. Energy Policy,2005,（33）:1643-1659.

Treffers, T.Faaij, APC.Sparkman, J.Seebregts, A. Exploring the Possibilities for Setting up Sustainable Energy Systems for the Long Term:Two Visions for the Dutch Energy System in 2050［J］. Energy Policy,2005,（33）: 1723-1743.

Kawase, R, Matsuoka, Y, Fujino, J. Decomposition Analysis of CO2Emission in Long-term Climate Stabilization Scenarios［J］. Energy Policy,2006,（34）: 2113-2122.

Koji Shimada, Yoshitaka Tanaka, Kei Gomi, Yuzuru Matsuoka. Developing a Long-term Local Society Design Methodology Towards a Low-carbon Economy: An Application to Prefecture in Japan［J］. Energy Policy,2007,（35）:4688-4703.

后　记

《低碳技术》一书，是中共湖北省委党校、中南民族大学城市低碳发展与企业清洁生产软科学研究基地、武汉东湖高新区战略发展研究院协同创新的成果。该书历时四年，数易其稿。在厘清低碳技术内涵的基础上，介绍了国内外低碳技术创新情况，分析了我国同国外的差距，就我国低碳技术创新战略、路线图和保障措施等进行了探讨，为领导干部推动低碳技术自主创新提供决策思维，也可作为企业经营管理工作者的参考用书。

本书由邹德文、李海鹏担任主编，夏汉武、冯益担任副主编。本书由主编提出编写大纲并审稿。各章的主要撰稿者为，邹德文一、二章，李海鹏四、五、六、八章，冯益三、七章，夏汉武九、十章。参加本书撰稿和研讨的除主编、副主编外，特别要感谢武汉东湖高新区战略发展研究院的陈要军研究员，中南民族大学城市低碳发展与企业清洁生产软科学研究基地的张利斌教授，他们为本书的编撰做了大量的工作，贡献了不少智慧。参加本书资料收集、修改和校对的还有：胡珊、徐珊、姜涛、陈偲等。

本书的编写参阅吸收了相关文献资料，并得到了有关方面的大力支持。人民出版社为本书出版付出了辛勤的劳动。在此，我们一并表示诚挚的谢意。

编　者

2015 年 11 月

策　　划：张文勇
责任编辑：史　伟
封面设计：林芝玉
责任校对：张红霞

图书在版编目（CIP）数据

低碳技术 / 邹德文，李海鹏 主编．—北京：人民出版社，2016.1
（低碳绿色发展丛书 / 范恒山，陶良虎 主编）
ISBN 978－7－01－015748－1

Ⅰ.①低…　Ⅱ.①邹…　②李…　Ⅲ.①节能－技术－基本知识
Ⅳ.①TK01

中国版本图书馆 CIP 数据核字（2016）第 014856 号

低碳技术
DITANJISHU

邹德文　李海鹏 主编

人民出版社 出版发行
（100706　北京朝阳门内大街 166 号）

涿州市星河印刷有限公司印刷　新华书店经销

2016 年 1 月第 1 版　2016 年 1 月北京第 1 次印刷
开本：710 毫米 ×1000 毫米 1/16　印张：12.25
字数：224 千字

ISBN 978－7－01－015748－1　定价：30.00 元

邮购地址 100706　北京朝阳门内大街 166 号
人民东方图书销售中心　电话（010）65250042　65289539